机电设备自动化控制与一体化设计

李建春　著

中国建材工业出版社

图书在版编目（CIP）数据

机电设备自动化控制与一体化设计 / 李建春著. --
北京：中国建材工业出版社，2024. 10
ISBN 978-7-5160-4181-9

Ⅰ. ①机… Ⅱ. ①李… Ⅲ. ①机电设备-自动控制-一体化-设计Ⅳ. ①TM92

中国国家版本馆 CIP 数据核字（2024）第 111734 号

机电设备自动化控制与一体化设计

JIDIANSHEBEI ZIDONGHUA KONGZHI YU YITIHUA SHEJI

作　　者：李建春
出版发行：中国建材工业出版社
地　　址：北京市西城区白纸坊东街 2 号院 6 号楼
邮　　编：100054
经　　销：全国各地新华书店
印　　刷：涿州汇美亿浓印刷有限公司
开　　本：787mm×1092mm 1/16
印　　张：8. 25
字　　数：170 千字
版　　次：2025 年 1 月第 1 版
印　　次：2025 年 1 月第 1 版
定　　价：72. 00 元

本社网址：www. jccbs. com，微信公众号：zgjcgycbs

PREFACE 前言

在现代工业生产和技术发展的背景下，机电设备自动化控制与一体化设计已成为推动生产效率、提高产品质量、确保操作安全性的关键因素。它融合了机械工程、电子工程、计算机科学、控制理论等多学科知识和技术，致力于创造出高效、智能、可靠的机电控制系统。随着工业 4.0 的兴起和物联网（IoT）技术的发展，机电一体化在自动化控制领域中扮演着日益重要的角色。它不再是简单地将机械部件与电子控制系统结合在一起，更是涉及高级的设计理念，例如模块化设计、智能控制、人机交互以及数据分析等。

机电设备自动化控制与一体化设计在现代工业中发挥着关键作用，推动着生产和技术的不断进步。自动化控制技术的应用使得机电设备能够在无需人为干预的情况下执行各种任务，从而大大提高了生产效率、产品质量和工作安全性。本书致力于深入研究机电设备自动化控制和一体化设计这两个关键领域，为读者提供全面的知识体系。

在自动化控制方面，本书将介绍各种控制技术，涵盖传统控制方法和现代控制策略，并详细阐述它们在机电设备中的实际应用。读者将深入了解控制系统的设计原理以及如何优化其性能以满足不同工业的需求。

一体化设计作为跨学科领域，强调将机械、电子、计算机和信息技术有机融合，以创造更高效、可持续和创新的产品和系统。本书将深入探讨一体化设计的基础原理、方法和工具，阐述其在工业制造和产品开发中的关键作用。读者将了解如何通过整合不同领域的知识和技术，实现协同创新，从而更好地满足市场的需求。总体而言，本书旨在为工程领域的专业人士和学生提供一份全面而深入的参考资料，帮助他们更好地理解和应用机电设备自动化控制与一体化设计的理论和实践。

作者在写作本书的过程中，借鉴了许多前辈的研究成果，在此表示衷心的感谢。由于本书需要探究的层面比较深，作者对一些相关问题的研究不透彻，加之写作时间仓促，书中难免存在一定的不妥和疏漏之处，恳请前辈、同行以及广大读者斧正。

作　者

2024 年 7 月

CONTENTS 目录

第一章　机电设备自动化控制基础 …… 1

第一节　机电设备自动化控制概述 …… 1

第二节　传感器与执行器在机电设备中的应用 …… 12

第三节　机电设备控制系统的数学建模 …… 27

第四节　机电设备控制算法与调节方法 …… 38

第二章　机电设备自动化控制技术 …… 52

第一节　机电设备中的 PID 控制与经典控制 …… 52

第二节　机电设备中的离散控制系统 …… 63

第三节　机电设备中的模糊逻辑控制 …… 72

第四节　机电设备中的线性控制系统设计 …… 80

第三章　机电设备自动化控制的现代方法 …… 89

第一节　机电设备中的状态空间与多变量控制 …… 89

第二节　机电设备中的自适应控制方法 …… 101

第三节　机电设备中的模型预测控制（MPC） …… 107

第四节　机电设备控制系统的鲁棒性与稳定性 …… 115

参考文献 …… 123

第一章　机电设备自动化控制基础

第一节　机电设备自动化控制概述

一、机电设备自动化控制

机电设备自动化控制是一种利用先进的电气、电子、计算机技术，以及相关的传感器、执行器等装置，对机械和电气设备进行智能化、自主化调节和操作的技术体系。其组成主要包括传感器、控制器和执行器及人机界面、监控系统、通信和网络系统等。其本质是通过集成各种硬件和软件组件，实现对设备的自动监测、反馈、决策和执行，从而提高系统的效率、可靠性和灵活性。

在这一技术体系中，传感器负责感知环境中的各种物理量，如温度、压力、速度等（图 1-1、图 1-2），并将这些信息转化为数字信号，为后续的控制系统提供准确的数据支持。控制器作为自动化系统的核心，根据传感器的反馈信息，运用各种控制算法进行决策，调节执行器的行为，从而实现对机械设备的精确控制。执行器作为控制系统的执行机构，负责根据控制信号执行相应的动作，例如驱动电机、控制阀门等。

图 1-1　工业苯乙烯传感器

整个过程中，人机界面是用户与自动化系统交互的纽带，通过直观的操作界面和友好的用户体验，实现对系统的监控、调整和反馈。监控系统则负责实时监测设备的运行状

图 1-2　温度传感器

态，提供实用的反馈信息，帮助运维人员及时发现并解决问题，保障系统的稳定性和可靠性。

通信和网络系统在机电设备自动化控制中扮演着关键的角色，各个组件之间通过标准化的通信协议进行数据交换，实现信息的共享和协同工作。网络连接使得远程监控和控制成为可能，无论身在何处，操作人员都能够实时了解系统状态，进行远程调节，提高了系统的灵活性和可维护性。

这一技术的应用领域十分广泛，涵盖工业生产、交通运输、能源管理等多个领域。在工业生产中，机电设备自动化控制可以大幅提高生产线的效率和精度，实现无人化生产，减小人力成本和生产风险。在交通运输领域，自动化控制可以提高交通系统的智能化管理，优化车辆流动，提高交通效率，减少交通事故的发生。在能源管理方面，机电设备自动化控制可以实现对能源系统的智能监测和调节，提高能源利用效率，降低能源浪费。总之，自动控制就是在没有人直接参与的情况下，利用控制装置，对生产过程、工艺参数、目标要求等进行自动调节与控制，使之按照预定的方案达到要求的指标。

机电设备自动化控制是现代科技在工程和制造领域的重要应用，它通过整合电气、电子、计算机等多个领域的先进技术，推动工业和社会的不断发展，为人类创造了更加智能、高效、可持续的生产和生活方式。

二、机电设备自动化控制的主要概念

（一）传感器与数据采集

在机电设备自动化控制的核心概念中，传感器与数据采集扮演着至关重要的角色。传感器作为自动化系统的感知器官，是一种能感受规定的被测量件并按照一定的规律转换成可用信号的器件或装置，负责实时捕捉环境中的各种物理量，如温度、压力、速度、湿度等，将这些实时变化的信息转化为电信号或数字信号，具有微型化、数字化、智能化等多种功能的特点。这是自动化系统获取关键数据的第一步，为后续的控制决策提供了准确的数据支撑。图 1-3 为传感器实例。

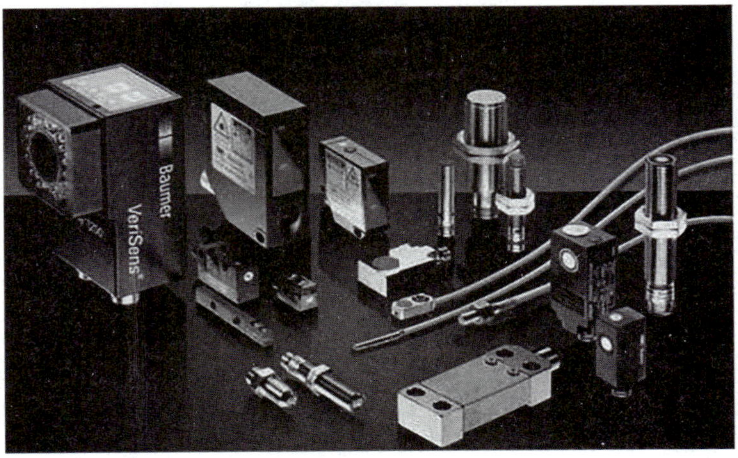

图 1-3　传感器实例

传感器一般由敏感元件、转换元件、变换电路、辅助电源四部分构成，如图 1-4 所示。

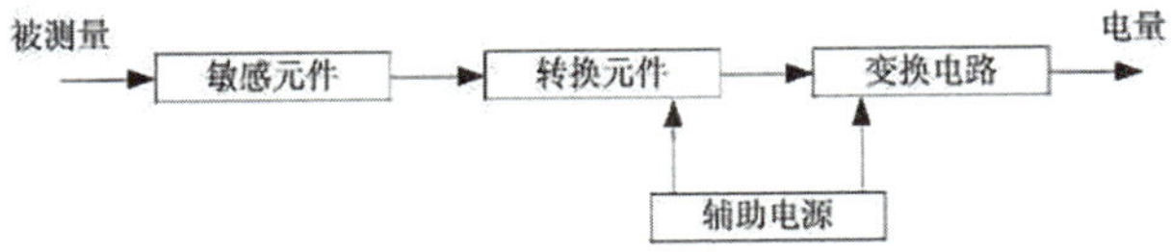

图 1-4　传感器工作原理

传感器的种类多种多样，包括光电传感器（图 1-5）、压力传感器、温度传感器等。光电传感器通过光学原理检测物体的位置和运动，压力传感器则测量介质中的压力变化，而温度传感器用于监测环境温度的变化。这些传感器在机电设备中协同工作，构成了一个综合感知系统。未来传感器将向智能化、可移动化、微型化、集成化、多样化方向发展。

数据采集，又称数据获取，是利用一种装置，从系统外部采集数据并输入到系统内部的一个接口。比如摄像头、麦克风，都是数据采集工具。一个完整的数据采集系统通常由原始信号、信号调理设备、数据采集设备和计算机四个部分组成。图 1-6 为数据采集系统组成。

数据采集是传感器输出信号的转化过程，将模拟信号转换为数字信号，以便计算机或控制器更好地处理和分析。数据采集系统负责采集、整理和传输这些数字信号，确保数据的准确性和实时性。传感器与数据采集的协同工作使得自动化系统能够迅速、准确地获取

图 1-5　光电传感器

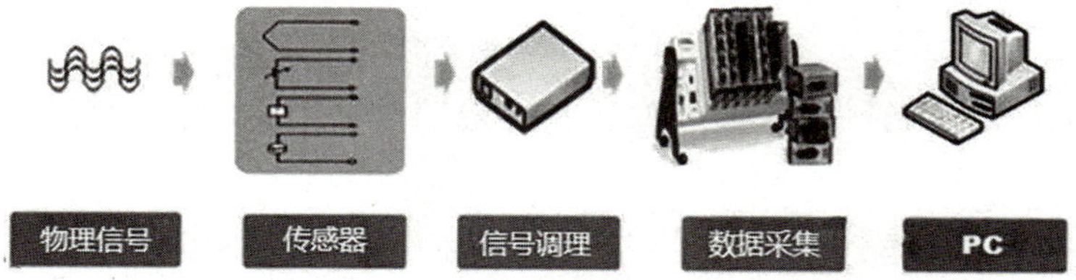

图 1-6　数据采集系统组成

环境信息，为后续的控制策略提供有力支持。

在实际应用中，传感器与数据采集系统的选择和配置直接影响自动化系统的性能和可靠性。高精度、稳定性强的传感器能够提供更为准确的反馈数据，而先进的数据采集系统能够实现更高效的信号处理和传输。此外，对于一些特殊工况，例如高温、高湿等恶劣环境，还需要考虑传感器的耐受性和防护措施，以确保系统在各种条件下都能正常运行。

在工业领域，传感器与数据采集不仅仅是数据的获取，更是生产过程的“眼睛”和“耳朵”。通过实时监测和记录各种参数，自动化系统可以进行智能化的调控，及时发现并解决潜在问题，提高生产效率和质量。如在环境监测中，传感器与数据采集系统也发挥着关键作用，帮助人们实时了解大气、水质等环境信息，保障公共安全和环境保护。

传感器与数据采集是机电设备自动化控制系统的基石，通过高效感知和准确采集数据，为自动化系统的智能决策和精准控制提供了可靠的基础。在不断发展的科技领域，传感器与数据采集技术的创新将继续推动自动化控制系统的发展，为各行各业带来更高效、更智能的解决方案。

（二）控制器与算法

在机电设备自动化控制的主要概念中，控制器与算法是构建智能化系统的关键组成部分。控制器作为自动化系统的大脑，负责根据传感器获取的数据和预设的控制策略，发出指令来调节执行器的行为，实现对机械设备的自动化控制。而控制算法则是控制器运作的灵魂，通过数学模型和逻辑规则，实现对系统的智能决策和动态调整。

控制器的种类多样，常见的有 PLC（可编程逻辑控制器）、DCS（分布式控制系统）、CNC（数控系统）等。PLC 广泛应用于工业自动化领域，其可编程性和实时性使其成为控制设备的理想选择。DCS 则更适用于大规模、分布式的工业系统，实现对整个生产过程的集中监控与控制。CNC 系统主要用于数控机床等领域，通过控制算法实现对工件的高精度加工。图 1-7 为可编程逻辑控制器。

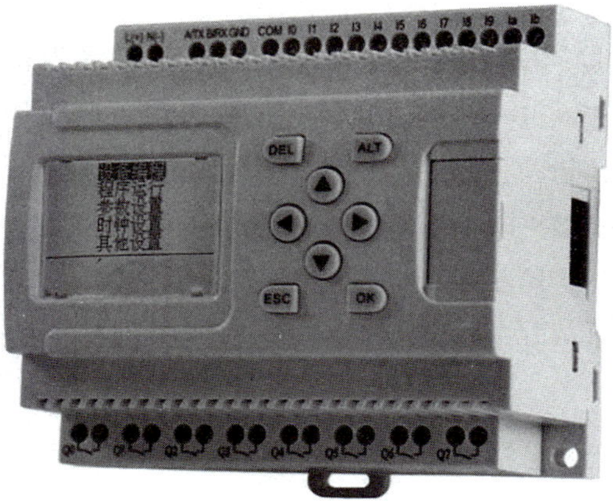

图 1-7　可编程逻辑控制器

控制算法是在机电一体化中进行任何一个具体控制系统的分析、综合或设计时首先应建立该系统的数学模型，确定其控制算法。控制算法是控制器实现智能化决策的核心。常见的算法包括 PID 控制（比例-积分-微分控制）、模糊逻辑控制、神经网络控制等。PID 控制通过不断调整比例、积分和微分参数，使系统的输出达到期望值。模糊逻辑控制则通过模糊规则的定义和推理，实现对复杂系统的控制。神经网络控制借鉴人脑神经网络的思想，通过训练网络权重实现对非线性系统的建模和控制。图 1-8 为 PID 控制系统结构图。

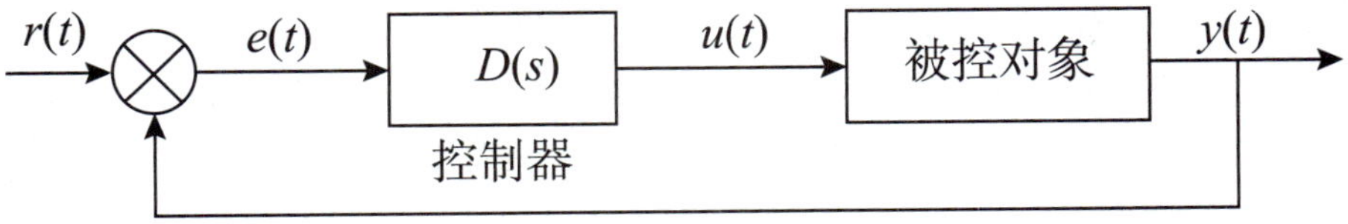

图 1-8　PID 控制系统结构图

控制算法的选择取决于系统的性质和控制要求。对于需要高精度的系统，PID 控制常常是一个有效的选择；对于复杂、非线性的系统，模糊逻辑控制和神经网络控制则能更好地适应系统的变化。在实际应用中，通常会根据具体情况采用不同的控制算法，甚至进行算法的组合与优化，以达到最佳的控制效果。

随着人工智能技术的发展，机电设备自动化控制的控制算法也在不断演进。深度学习新兴技术为系统建模和智能决策提供了新的思路，将更多的智能化引入到控制器中。这意味着机电设备在自动化控制中将更加适应复杂多变的环境，实现更高水平的智能化和自适应性。

控制器与算法是机电设备自动化控制的核心，其协同工作决定了自动化系统的性能和稳定性。通过不断创新和引入先进的控制算法，机电设备自动化控制将持续发展，为各行各业带来更高效、更可靠的自动化解决方案。

（三）执行器与动作输出

执行器是自动控制系统中的执行机构，是将控制信号转换为相应的运动或力，从而控制机械设备运动状态的一种机电一体化的装置。广泛应用于机床、工业机器人、自动化生产线、冶金、化工、塑料、制药、食品、纺织、印刷、包装、玻璃、木工、建筑、航空航天、轨道交通等各个领域。在机电设备自动化控制中，执行器与动作输出扮演着关键的角色，负责根据控制器的指令将控制信号转化为实际的动作或工作。执行器的选择与设计直接影响了系统的精度、速度和可靠性，而动作输出则是自动化系统实现各种工作任务的具体表现。

执行器的种类多种多样，包括电机（图 1-9）、气动执行器（图 1-10）、液压执行器（图 1-11）等。电机是最常见的执行器之一，通过电能转化为机械能，广泛应用于各类机电设备。气动执行器则利用压缩空气或其他气体的动力来实现运动，适用于一些特殊环境或对速度要求较高的场合。液压执行器则通过液体的压力传递来完成工作，具有高承载能力和精确控制的优势。

执行器的性能直接影响了自动化系统的响应速度和精度。高性能的执行器能够迅速、准确地响应控制信号，实现对机械设备的精密控制。在一些需要高速度、高频率运动的应用中，如数控机床和机器人系统中，电机通常是首选的执行器。而在一些需要大承载能力和长寿命的应用中，液压执行器则可能更为合适。

动作输出是执行器实现的具体动作或工作，可以是机械运动、工件加工、阀门控制等。在自动化控制中，动作输出直接关系到系统的功能和效果。例如，在自动化生产线中，动作输出可以是机械臂的运动、零件的组装等；在流程控制中，动作输出可能是阀门的开关、流体的控制等。因此，动作输出的精准性和可靠性对于自动化系统的正常运行至关重要。

动作输出的设计需要充分考虑实际工作环境和要求，确保系统能够稳定、高效地完成

图 1-9　电机

图 1-10　气动执行器

各种工作任务。在一些特殊环境中，如高温、高湿、强腐蚀等条件下，执行器和动作输出的材料和结构需要特殊设计，以确保系统的稳定性和可靠性。此外，对于一些需要高度同步性的应用，如协作机器人系统，执行器和动作输出之间的协同工作更为关键，需要采用更先进的同步控制技术。

执行器与动作输出是机电设备自动化控制中的关键部件，它们直接关系到自动化系统的性能和功能。通过合理选择和设计执行器，并优化动作输出，机电设备可以实现更高效、更精密的自动化控制，为工业生产、交通运输、能源管理等领域带来更大的效益和创新。在未来的发展中，随着先进材料和控制技术的不断涌现，执行器与动作输出将迎来更加广阔的应用前景。

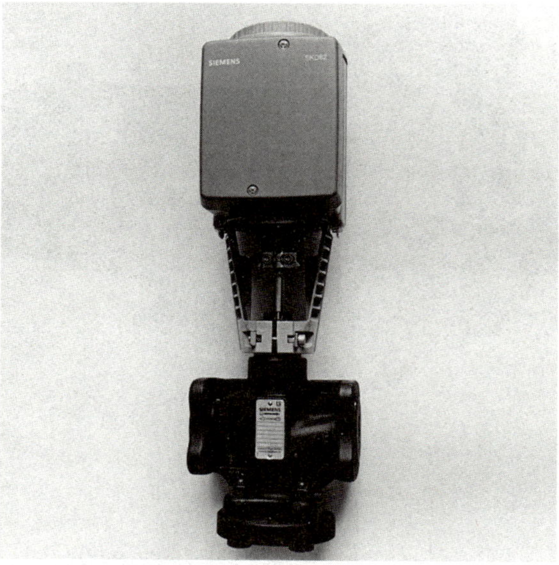

图 1-11　液压执行器

（四）人机界面与监控系统

在机电设备自动化控制中，人机界面（HMI）与监控系统扮演着连接人与自动化系统的桥梁，是实现操作、监测和反馈的关键组成部分。人机界面作为用户与系统交互的接口，通过直观的图形化显示、触摸屏技术等方式，使操作者能够直观、便捷地与自动化系统进行沟通。监控系统则是对整个系统运行状态的实时监测和控制，通过收集、分析和显示大量数据，为运营人员提供全面的反馈信息，从而实现对机械设备的全面管理与优化。图 1-12 为监控系统控制图。

人机界面的设计直接关系到用户的使用体验和工作效率。通过图形化的界面，操作者可以清晰地了解系统的运行状态、参数设定和控制选项，实现对设备的直观操作。触摸屏技术的应用使得人机交互更加直观、灵活，降低了学习曲线，提高了操作的便捷性。良好设计的人机界面可以减少误操作，提高生产效率，同时也为操作者提供了更直观的系统反馈，帮助他们更好地理解和掌握设备运行状况。

监控系统是自动化控制系统的大脑，通过传感器获取实时数据，实现对机械设备全面监测。监控系统由前端监视设备、传输设备、后端存储、控制及显示设备这五大部分组成，其中后端设备可进一步分为中心控制设备和分控制设备。前、后端设备有多种构成方式，它们之间的联系（也可称作传输系统）可通过电缆、光纤、微波等多种方式来实现。监控系统通过图表、报警、日志等形式，将这些数据呈现给运营人员，帮助他们了解系统运行状态，诊断问题并做出决策。高效的监控系统能够实时响应设备异常，提供预警信息，帮助运维人员迅速定位并解决问题，提高了系统的稳定性和可靠性。图 1-13 为监控系统组成。

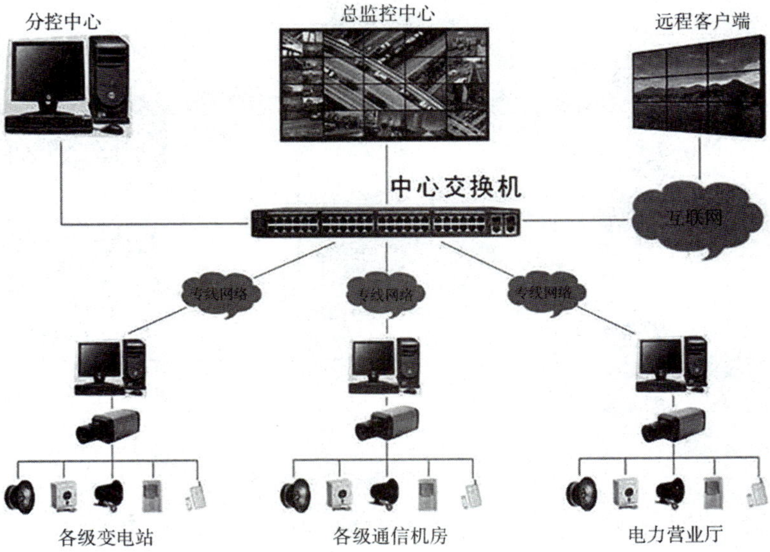

图 1-12 监控系统控制图

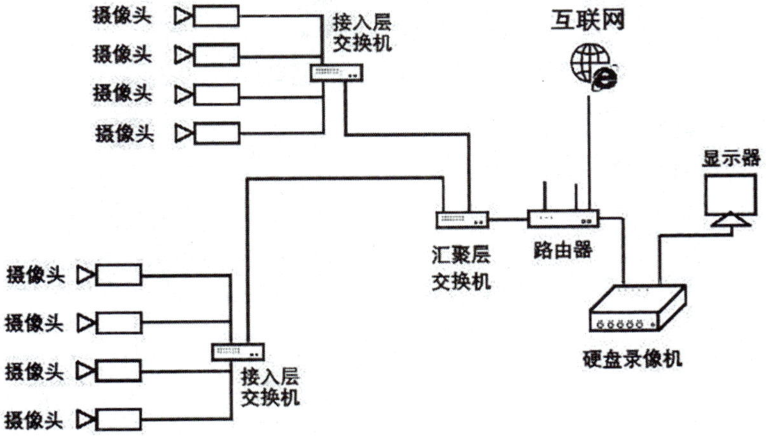

图 1-13 监控系统组成

随着物联网和大数据技术的发展，监控系统的功能不断拓展。现代监控系统不仅可以实时监测设备的运行状态，还能够进行远程监控和远程操作，使得运维人员可以随时随地了解和控制设备。同时，监控系统还能够进行数据分析和预测，通过大数据算法识别潜在的问题，提前进行预防性维护，降低设备故障率，提高设备的可维护性。图 1-14 为监控系统工作示意图。

在工业自动化领域，人机界面与监控系统的设计和优化对整个自动化系统的运行效率和稳定性有着重要的影响。合理设计的人机界面能够减少人为操作的错误，提高生产效率，而先进的监控系统则能够及时地发现问题，预测故障，保障设备的正常运行。通过人

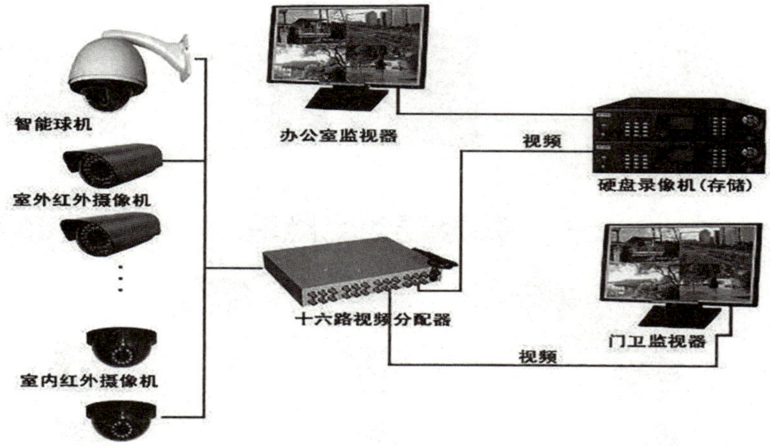

图 1-14　监控系统工作示意图

机界面与监控系统的紧密结合，实现对机械设备的智能化、高效化管理，推动了工业生产的不断创新和提升。图 1-15 为网络监控示意图。

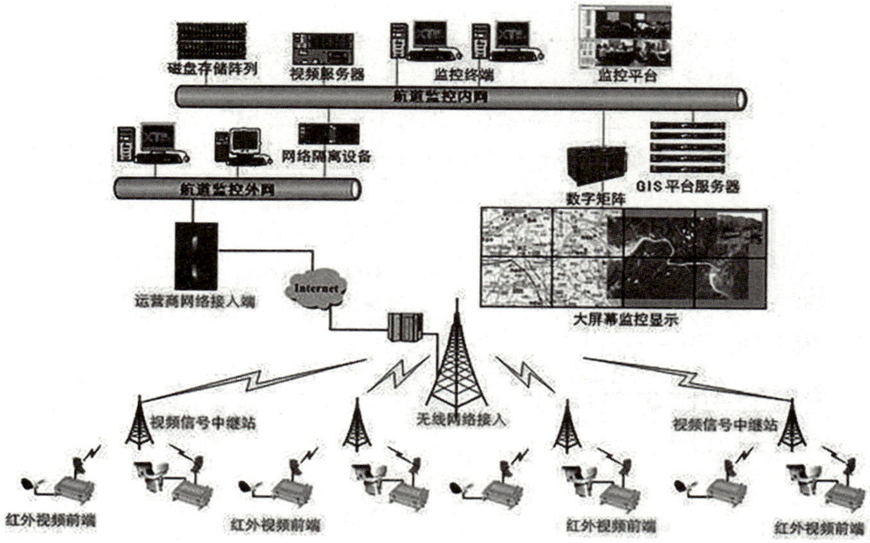

图 1-15　网络监控示意图

人机界面与监控系统是机电设备自动化控制的关键概念，它们通过提供直观、便捷的用户体验和全面的系统监测，将人与自动化系统有效连接起来。随着技术的不断发展，人机界面与监控系统的功能和性能将继续进一步拓展，为自动化控制系统提供更为强大的支持，助力各行各业实现更高水平的自动化与智能化。

（五）通信与网络

在机电设备自动化控制中，通信与网络是连接各个控制组件、传递信息的关键环节，是实现系统协同工作和远程监控的不可或缺的要素。通信技术通过各种协议和手段，将传感器、控制器、执行器等设备之间的数据进行可靠、高效的交流，实现信息的实时传递和共享。网络连接则将不同设备、系统连接起来，使得远程监控、远程操作成为可能，大大地提高了系统的灵活性和可管理性。图 1-16 为数据通信系统模型。

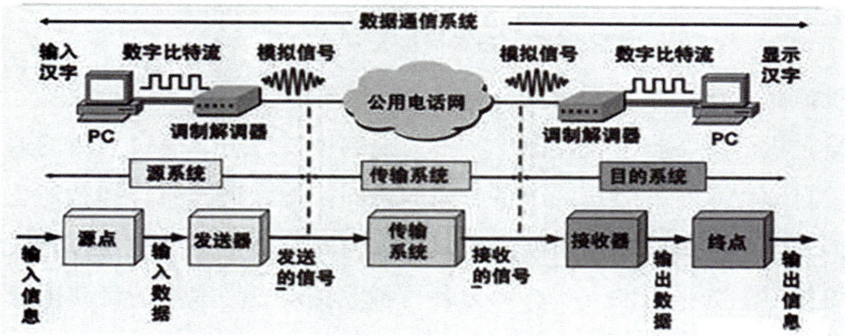

图 1-16　数据通信系统模型

在自动化控制系统中，通信技术承担着信息传递的基础功能。传感器通过通信协议将感知到的环境信息传递给控制器，控制器根据算法处理后将控制指令传递给执行器，完成对机械设备的调控。通信技术的稳定性和高效性直接关系到整个自动化系统的响应速度和精度。不同的通信协议适用于不同的场景，如 Modbus、Profibus、CAN 等，它们在工业领域得到广泛应用，实现了设备之间的协同工作。

网络连接在自动化控制中的应用进一步拓展了系统的范围和功能。通过局域网（LAN）或广域网（WAN）的连接，不同地点的设备可以进行数据交换和协同操作。这意味着即使操作者不在设备所在的现场也能够实现对设备的远程监控和操作。这对于一些需要全球范围协同工作的大型生产系统、智能城市设施等具有重要意义。互联网的普及更进一步促进了设备之间的连接，使得设备能够通过云平台实现集中管理和远程监控，为智能制造和智能服务提供了技术基础。图 1-17 为各种网络关系示意图。

通信与网络技术的发展为自动化控制系统带来了更多的可能性。随着 5G 技术的成熟，无线通信的速度和带宽将大幅提升，为设备之间的快速、大容量数据传输提供了更好的支持。物联网的兴起使得设备不仅可以相互连接，还能够与其他智能设备进行信息交换，形成更为智能化的工作模式。这将对工业自动化、智能交通、智能家居等领域产生深远的影响，推动着整个社会的数字化转型。

通信与网络技术的广泛应用对自动化控制系统的安全性和稳重性也带来了一些挑战。安全性和稳定性是网络通信中不可忽视的问题，特别是在一些对数据安全性要求极高的领域，如金融、医疗行业等。因此，在设计自动化控制系统时，必须考虑网络安全的因素，

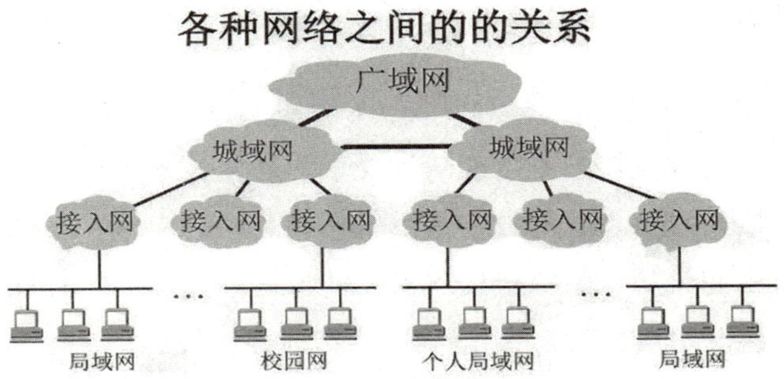

图 1-17　各种网络关系示意图

采取相应的防护措施，确保系统运行的可靠性和安全性。

通信与网络是机电设备自动化控制中不可或缺的主要概念。通过高效的通信技术和稳定的网络连接，自动化系统能够实现设备之间的协同工作、远程监控和智能化决策，推动了工业自动化的发展。随着技术的不断进步，通信与网络技术将继续发挥着关键作用，为自动化控制系统提供更为强大的支持，助力各行各业实现更高水平的自动化与智能化。

第二节　传感器与执行器在机电设备中的应用

一、传感器在机电设备中的应用

（一）温度控制

在机电设备控制系统中，传感器在温度控制方面发挥着至关重要的作用。温度是许多机械和电气设备正常运行所必须关注的关键参数，而传感器通过感知环境中的温度变化，将其转化为电信号，为温度控制系统提供了准确的实时数据。这种应用涉及各个领域，从工业制造到家用电器，温度传感技术的应用贯穿了整个机电设备自动化控制的方方面面。图 1-18 为温度控制原理图。

在工业生产中，温度控制确保了生产过程的稳定性和产品质量。而传感器被广泛用于监测各种设备和系统中的温度变化，如发动机、炉炼、制造过程等。通过实时感知温度，系统可以根据预设的控制策略调整执行器，保持设备在安全、高效的温度范围内运行。如在金属加工、化工、食品加工等领域，温度传感器的应用帮助实现了对生产过程的精准控制，确保产品质量的稳定性和合格率。

在能源管理领域，温度传感器的应用对于提高能源利用效率和减少能源浪费至关重要。例如，在暖通空调系统中，温度传感器通过感知室内外的温度变化，控制空调系统的制冷或制热过程，实现室内温度的舒适调节。在太阳能和风能等可再生能源系统中，温度

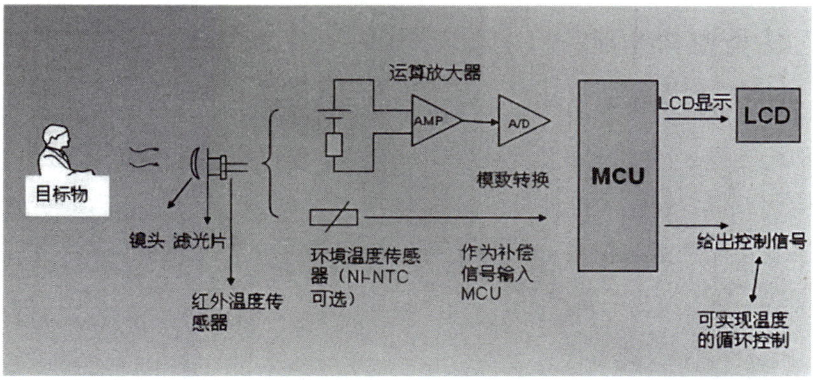

图 1-18　温度控制原理图

传感器被用来监测电池、发电机等设备的工作温度，以确保系统的安全运行和性能优化。通过对温度变化的精准感知和控制，能源系统可以更加高效地利用可再生资源，降低能耗和环境影响。

在家用电器中，温度传感器也扮演着关键的角色。从热水器、空调到冰箱、烤箱，传感器通过感知设备内部的温度变化，实现设备的智能控制和能效优化。在现代智能家居系统中，通过集成温度传感器与其他传感器和智能控制设备，用户可以通过手机或其他终端实现对家居温度的远程监控和调节，提高了生活的舒适性和便捷性。

除了以上几个领域，温度传感器在医疗（图 1-19）、交通、环境监测等领域也有着广泛的应用。如在医疗设备中，温度传感器用于监测病人的体温，帮助医护人员及时发现异常情况。在交通领域，温度传感器用于监测车辆引擎和轮胎的温度，以预防过热引发的故障。在环境监测中，温度传感器被广泛用于监测大气、水体等环境中的温度变化，为环保决策和气象预测提供数据支持。

图 1-19　医疗传感器示例

（二）压力监测和控制

压力传感器是能感受压力信号，并能按照一定的规律将压力信号转换成可用的输出的电信号的器件或装置。压力是许多机械系统和工业流程中的关键参数，而传感器通过感知介质的压力变化，将其转化为电信号，为压力监测和控制系统提供准确的实时数据。这种应用涵盖了从制造业到能源领域，广泛应用在机电设备自动化控制中。图 1-20 为压力传感器应用实例。

图 1-20　压力传感器应用

在制造业中，压力监测和控制是确保生产过程稳定性和产品质量的关键因素之一。传感器广泛应用于监测各种机械设备和流体系统中的压力变化，如液压系统、气动系统、注塑机等。通过实时感知压力，系统可以根据预设的控制策略调整执行器，确保设备在安全、高效的压力范围内运行。在金属成型、注塑、压铸等领域，压力传感器的应用帮助实现了对生产过程的精准控制，确保产品的一致性和合格率。图 1-21 为扩散硅压力变送器

图 1-21　扩散硅压力变送器

在能源管理领域，压力传感器的应用对于提高能源利用效率和减少能源浪费至关重要。例如，在蒸汽锅炉系统中，压力传感器通过监测锅炉内部的蒸汽压力，实现对锅炉的智能控制，提高了能源的利用效率。在油气开采和输送中，压力传感器被用来监测管道和设备的压力变化，确保系统的安全运行和性能优化。通过对压力变化的精准感知和控制，能源系统可以更加高效地利用资源，降低能耗和环境影响。

在汽车工业中，压力传感器的应用也是不可或缺的。传感器用于监测引擎内部的油压、水温和空气压力等参数，为发动机控制系统提供关键数据，实现引擎的高效工作和排放的优化。在汽车制动系统中，压力传感器用于监测制动液的压力，实现对刹车系统的精准控制，提高了汽车的行车安全性。通过对压力的实时监测和调控，汽车能够更加智能地适应不同工况，提高了汽车的性能和可靠性。

在医疗设备中，压力传感器也发挥着重要的作用。例如，在呼吸机中，压力传感器用于监测患者的呼吸气压，实现对呼吸支持的精准调控。在血液透析设备中，压力传感器用来监测输液管路的压力，确保透析过程的安全和有效。通过对压力变化的实时监测，医疗设备能够更好地满足患者的治疗需求，提高了医疗过程的安全性和舒适性。

（三）位置和运动控制

位置控制是工控领域一种常见的高级控制方式，常用于机械设备的位置移动控制。在很多高精端的设备中都需要应用到位置控制，常见的有开环步进电机控制和闭环伺服电机控制。如高精端的机床、机械人与机械手等都可以通过伺服电机实时位置检测控制。

运动控制是自动化的一个分支，它通过伺服机构设备如液压泵、线性执行机或者是电机来控制机器的位置或速度。运动控制通过控制器（PLC）、驱动器、电机、机械等将位置和速度反馈给控制，形成一个闭环的控制，达到控制机械的动态和位置。图 1-22 为位置和运动控制原理图。

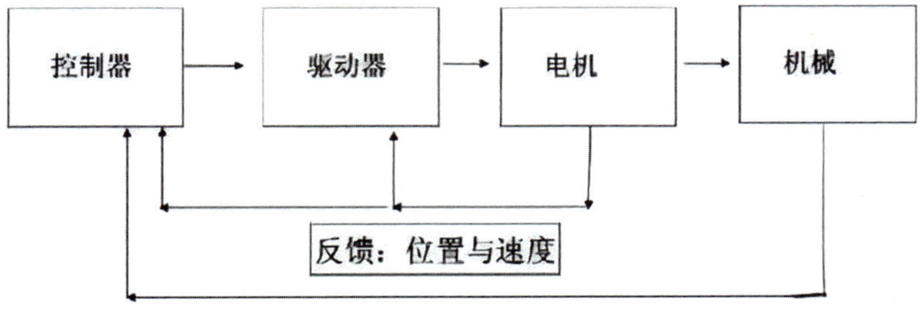

图 1-22　位置和运动控制原理图

在机电设备控制系统中，位置和运动是许多机械系统和自动化控制系统中的核心，而传感器通过感知物体的位置和运动状态，将其转化为电信号，为实现精准的位置控制和运动控制提供了必要的实时数据。这种应用涉及了从制造业到机器人领域，位置和运动传感技术的广泛应用在机电设备自动化控制中发挥了关键作用。图 1-23 为位置和速度控制系统图。

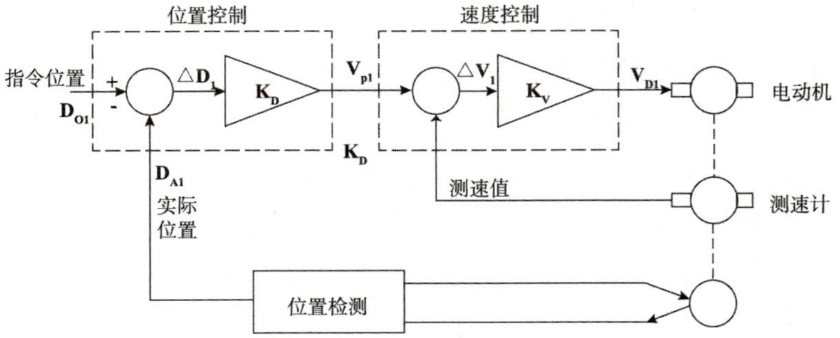

图 1-23　位置和速度控制系统图

在制造业中，传感器广泛用于监测各种机械设备和生产线中的位置和运动状态，如数控机床、装配线、搬运机器人等。通过实时感知物体的位置和运动，系统可以根据预设的控制策略调整执行器，保持设备在高精度的位置和运动轨迹上运行。在汽车制造、电子制造、精密加工等领域，位置和运动传感器的应用帮助实现了对生产过程的高度自动化和精准控制，提高了生产效率和产品质量。

在机器人领域，位置和运动传感器更是不可或缺的关键技术。机器人需要通过感知周围环境和自身运动状态以完成实现复杂的动作和任务。位置传感器用于确定机器人的当前位置，而运动传感器则监测机器人的运动状态，如速度、加速度等。这些传感器为机器人提供了对环境的感知和对自身位置的准确掌握，使得机器人能够灵活地执行各种任务，从制造业到服务领域都得到了广泛应用。

在航空航天领域，位置和运动传感器的应用对于确保飞行器的安全和准确导航至关重要（如图 1-24）。飞行器需要精准感知自身的位置、姿态和运动状态，以应对不同飞行条件和任务需求。例如，惯性导航系统利用加速度计和陀螺仪等传感器监测飞行器的加速度和角速度，从而实现对飞行器位置和姿态的实时测量。这种高精度的位置和运动控制技术为飞行器提供了稳定的飞行性能和导航精度。

在医疗设备中，位置和运动传感器也得到了广泛应用。例如，在手术机器人中，传感器用于监测机器人臂的运动轨迹和姿态，确保手术操作的精准性和安全性。在假肢和矫形器等康复设备中，位置和运动传感器被用来监测患者的肢体运动，实现对假肢或矫形器的智能控制，提高患者的生活质量。

（四）声音和振动控制

噪声和振动是现代社会不可避免的问题，对人们的生活、健康和环境都会造成不良影响。噪声不仅会影响大家的健康，还会干扰我们的日常生活，影响我们的工作效率和生产

图 1–24　飞行器上的传感器

效率，而振动也会产生相应的影响，如建筑物的振动会造成结构不稳定、损坏和裂缝，使建筑物寿命缩短，影响安全性和舒适度。而机械设备的振动也会对其使用寿命和性能产生影响，同时也会产生噪声，造成环境污染和健康风险。因此，噪声和振动控制已成为一个关键性的技术问题。声音和振动是许多机械系统和设备中不可忽视的参数，传感器在声音和振动控制方面发挥着重要的作用，其通过感知环境中的声音和振动信号，将其转化为电信号，为实现精准的声音和振动控制提供了必要的实时数据。这种应用广泛涵盖了从工业制造到智能家居领域，声音和振动传感技术的应用在机电设备的自动化控制中发挥了关键作用。

在工业制造中，传感器广泛应用于监测机械设备和生产线中的声音和振动信号，如发动机、电机、齿轮传动系统等。通过实时感知声音和振动，系统可以根据预设的控制策略调整执行器，保持设备在低噪声、低振动的状态下运行。在汽车制造、电子制造、纺织等领域，声音和振动传感器的应用帮助实现了对生产过程的高度自动化和精准控制，提高了生产效率和产品质量。

在智能家居和消费电子领域，声音和振动传感器的应用推动了设备的智能化和用户体验的提升。例如，智能音响和语音助手利用声音传感器感知用户的语音指令，实现语音控制和智能交互。振动传感器则广泛应用于智能手机、智能手表等设备中，用于感知设备的震动和手势操作，提高了用户与设备的交互体验。

在健康监测领域，声音和振动传感器的应用也是不可或缺的。例如，在医疗设备中，声音传感器被用于监测患者的心跳和呼吸声，实现对患者生理状态的实时监测。振动传感器则用于监测患者的运动状态，如步态分析、睡眠监测等，为医护人员提供重要的健康信息。

在环境监测领域，声音和振动传感器的应用有助于监测自然环境中的声音和地质振动。例如，地震监测系统（图 1-25）利用振动传感器感知地壳的振动信号，实现对地震活动的实时监测。声音传感器用于监测城市环境中的噪声水平（图 1-26），为城市规划和环保决策提供数据支持。

图 1-25　地震监测系统

图 1-26　环境监测器

（五）化学和气体检测

化学和气体的检测是许多工业生产、环境监测和安全控制中不可或缺的关键任务。传感器通过感知环境中的化学物质和气体浓度，将其转化为电信号，为实现精准的检测和控制提供了必要的实时数据。这种应用广泛涵盖了从工业生产到环境监测、从医疗设备到消费电子的各个领域，化学和气体传感技术的广泛应用在机电设备自动化控制中发挥了关键作用。

在工业制造中，传感器广泛应用于监测各种工业气体和化学物质，如有毒气体、可燃气体、挥发性有机化合物等（如图 1-27）。通过实时感知气体浓度和化学反应产物，系统可以根据预设的控制策略调整执行器，保持生产环境在安全、稳定的状态下运行。在化工厂、石油化工、半导体制造等领域，化学和气体传感器的应用帮助实现了对生产过程的高度自动化和精准控制，提高了生产效率和产品质量。

图 1-27　化学检测器

在环境监测领域，化学和气体传感器的应用有助于监测大气中的污染物和有害气体。例如，空气质量监测系统利用传感器检测大气中的二氧化氮、一氧化碳、臭氧等有害气体浓度，实现对空气质量的实时监测（如图 1-28）。水质监测系统则利用化学传感器检测水体中的各种化学成分，为水质评估和环保决策提供数据支持。

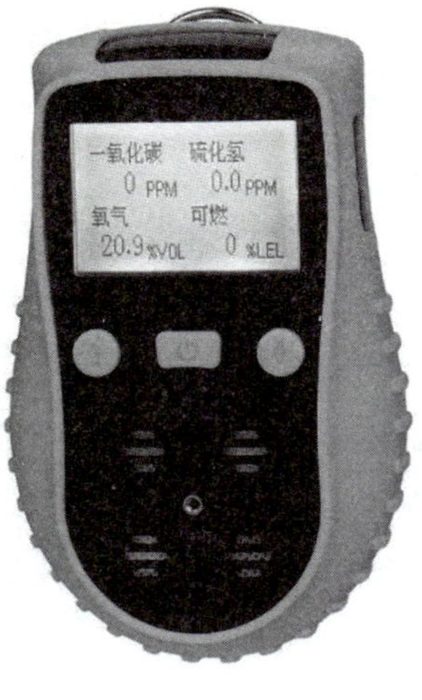

图 1-28　空气质量监测

在医疗设备中，化学和气体传感器的应用对患者生理状态的监测和治疗至关重要。例如，在呼吸机和麻醉机中，气体传感器用于监测呼吸气体中的氧气和二氧化碳浓度，确保患者在手术和治疗过程中的安全。化学传感器则用于检测患者体液中的各种生化指标，如血糖、血氧等，为医护人员提供重要的诊断信息。

在消费电子领域，化学和气体传感器的应用推动了智能设备的创新和功能拓展。例如，智能手机中的挥发性有机化合物（VOC）传感器用于检测周围环境中的空气质量，提醒用户是否需要通风换气。此外，可穿戴设备中的汗液传感器用于监测人体汗液中的化学成分，实现对运动状态和健康状况的实时监测。

总之，传感器在机电设备中的应用实现了设备自动化控制和智能化，同时也在各个领域推动着科技创新和社会进步。传感器通过对温度、压力、位置和运动、声音和振动、化学和气体检测等的精准感知和控制，机电设备得以更加智能、安全地运行，为人类的生产、生活和健康提供了强大的技术支持。

二、执行器在机电设备中的应用

（一）振动和震动控制

执行器是自动控制系统中的执行机构和控制阀组合体，它在自动化控制系统中的作用是接受来自调节器或计算机（DCS、PLC 等）发出的信号，根据在工艺管路的位置和特性，调节工艺介质的流量，从而将被控自动化仪表在生产过程所要求的范围内。主要在机械设备、工业自动化等领域中，用于控制机械的运动、位置和力量等参数，是自动化控制系统中的重要组成部分。常见的有气动执行器、液压执行器、电动执行器、电液执行器等类型。

振动是许多机械系统和设备中常见的现象，而执行器通过实现对振动的精准控制，为确保设备的稳定性，降低噪声以及提高性能提供了关键的手段。这种应用涉及了从工业制造到交通运输，从电子设备到建筑结构的各个领域，执行器在振动控制中的应用发挥了关键的作用。

在工业制造领域，执行器广泛用于各种机械系统中，如振动台、机床、运输设备等，振动的控制确保了生产设备的稳定性和产品质量。通过调整执行器的工作状态，系统可以实现对振动的主动控制，减小设备的振动幅度，提高生产效率和产品加工精度。在精密加工、半导体制造等领域，振动控制技术的应用帮助实现了对生产过程的高度自动化和精准控制，提高了产品的质量和可靠性。

在交通运输领域，振动的控制提高了车辆的舒适性，降低了噪声水平，延长了设备寿命。汽车、火车、飞机等交通工具中的执行器被用于减小车辆运行时的振动，提高乘坐舒适性（图 1-29）。在高速列车、飞机起降等场景，振动控制系统的应用有助于减小对乘客和设备的不利影响，提升交通工具的性能和安全性。

图 1-29　电子执行器

在电子设备中，振动控制保障了设备的正常运行和延长使用寿命。例如，在硬盘驱动器中，执行器用于控制磁头的位置，同时对硬盘进行振动控制，以确保数据读写的准确性和设备的稳定性。在摄像设备、激光打印机等精密电子设备中，振动控制系统的应用有助于提高设备的性能和精度。

在建筑结构领域，振动的控制确保了建筑物的稳定性和安全性。执行器被广泛地用于结构振动和地震振动的主动控制，通过实时监测振动信号并调整执行器的工作状态，系统可以减小建筑物的振动幅度，提高其抗震能力。这种振动控制技术在高层建筑、桥梁、大型基础设施等工程项目中得到了广泛应用。

在医疗设备领域，振动控制确保了医疗设备的安全性和患者的舒适性。例如，在手术台和影像设备中，执行器用于实现对设备位置的调整和振动的控制，以确保医疗操作的准确性和患者的安全性。在康复设备中，振动控制系统的应用有助于提高康复效果和患者的舒适感。

执行器在振动控制中的应用不仅在实现设备自动化控制和智能化方面发挥了关键作用，同时也在各个领域推动着科技创新和社会进步。通过对振动和震动的精准感知和控制，执行器为机电设备提供了更高水平的性能和稳定性，为人类的生产、生活和移动提供了强大的技术支持。

（二）声音产生器

在机电设备中，声音产生器作为执行器的一种，具有广泛的应用，其在各个领域中扮演着重要的角色。声音产生器主要通过振动物体或气流，产生声波，从而产生声音。这种应用涵盖了从消费电子到工业制造，从通信设备到安全系统的多个领域，声音产生器在机电设备中的应用发挥了重要作用。图 1-30 为声音发生器工作原理图。

在消费电子领域，声音产生器是许多设备中不可或缺的组成部分。例如，手机、平板

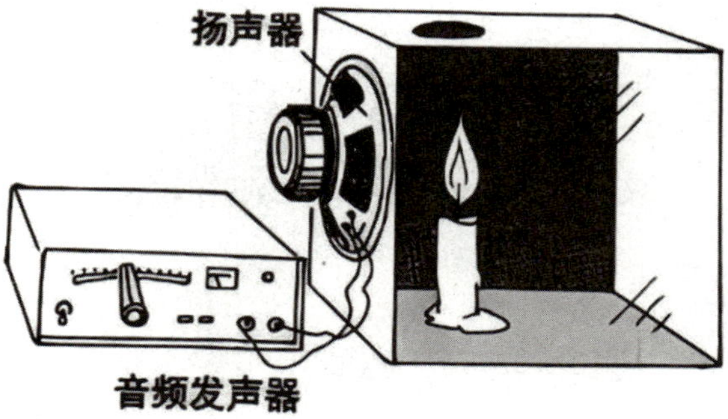

图 1-30　声音发生器工作原理图

电脑、电视等设备都配备了声音产生器，用于播放提示音、音乐、语音提示等。通过声音产生器，这些设备能够向用户提供丰富的音频反馈，提高用户体验和交互性。在智能家居系统中，声音产生器也用于发出报警声、提醒声或语音指导，实现对家庭安全和自动化控制的智能化支持。

在工业制造中，声音产生器被广泛应用于各种设备和生产线中。例如，在自动化生产线中，声音产生器可以用于发出警报声、工作指令声等，帮助操作员进行生产操作和监控。在制造过程中，通过声音产生器发出的声音信号，可以帮助工人判断设备状态、完成工序，并提高生产效率。在交通运输领域，声音产生器用于发出车辆的喇叭声（图 1-31）、警报声，起到交通安全和警示的作用。

图 1-31　车辆喇叭

在通信设备中，声音产生器也是至关重要的组成部分。例如，电话、对讲机、无线电通信设备等都需要声音产生器来产生语音通信的声音（图 1-32）。通过声音产生器，这些通信设备能够实现声音的传输和接收，实现远程通信的功能。在无人机和遥控设备中，声音产生器也被用于发出指令声、报警声，为操作者提供实时反馈和控制信息。

在安全系统中，声音产生器被广泛用于发出警报声、报警信号等。例如，火灾报警系统（图 1-33）、入侵报警系统等安全设备都配备了声音产生器，用于在紧急情况下提醒人

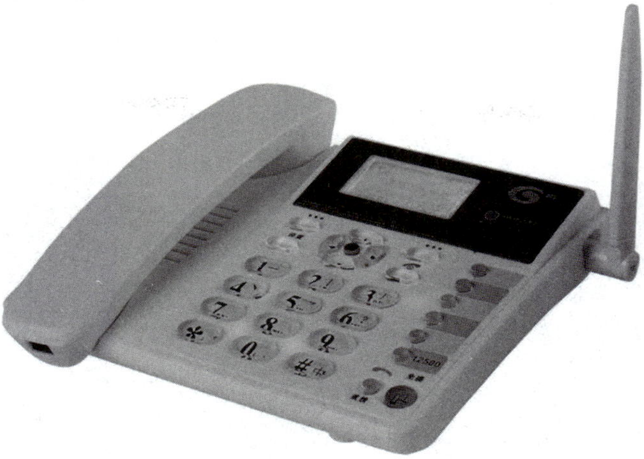

图 1-32　电话

们，并引导他们采取相应的安全措施。通过发出不同的声音信号，声音产生器能够传递不同类型的紧急信息，提高安全系统的效能。

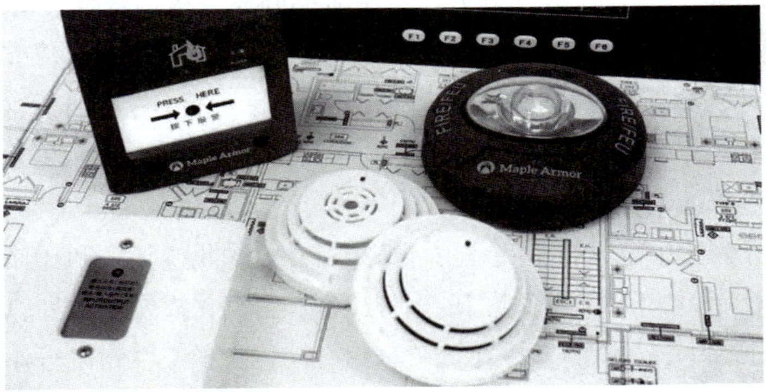

图 1-33　火灾报警系统

在医疗设备中，声音产生器也发挥着重要作用。例如，在心率监测仪、呼吸机等设备中，声音产生器用于发出警报声、提醒声，帮助医护人员监测患者的生理状态。通过声音产生器发出的声音信号，医疗设备能够向医护人员传递患者及时的状态信息，确保医疗操作的准确性和安全性。

声音产生器作为执行器在机电设备中的应用广泛而多样，为各个领域提供了声音反馈、警报、通信等功能。通过声音产生器的智能化和精准控制，机电设备得以更加灵活、高效地运行，为人类的生产、生活和通信提供了强大的技术支持。

（三）阀门和门控制

在机电设备中，阀门和门控制作为执行器的一种，阀门用于控制流体（液体或气体）的流动，而门控制则用于控制门的开启和关闭。这两种执行器的应用范围广泛，涵盖了从工业制造到建筑领域，从能源系统到液体处理的多个领域。阀门（图 1-34）和门控制在机电设备中的应用为流体控制、安全保障、建筑自动化等提供了关键的技术支持。

图 1-34　阀门

在工业制造领域，阀门广泛应用于各种流体控制系统中。例如，液压系统、气动系统、蒸汽系统等都需要阀门来控制流体的流向、压力和流量。阀门的精准控制在制造过程中至关重要，它可以确保机械设备在不同工况下的正常运行，提高生产效率和产品质量。在化工、石油、制药等领域，阀门的应用不仅涉及流体的控制，还涉及介质的输送和处理，保障了生产过程的安全性和稳定性。

门控制在工业制造中也具有重要地位，特别是在自动化生产线和仓储系统中。门控制系统可以实现对仓库、车间等空间的门的远程控制和自动化操作。这种应用有助于提高生产效率、降低人工成本，并提升整个生产流程的自动化水平。在物流行业，门控制系统被广泛用于货物的装卸、仓储和分拣等环节，为物流运输提供了高效的门控制解决方案。

在建筑领域，阀门和门控制在楼宇自动化系统中扮演着关键角色。阀门用于控制建筑的供暖、通风、空调系统，实现对室内温度和湿度的精准调节。这不仅提高了建筑的能源利用效率，还提供了舒适的室内环境。门控制系统在大型商业建筑、办公楼、酒店等场所中广泛应用，通过自动开合的门控制系统，实现对进出人员的管理、安全控制（如图 1-35），提升建筑的智能化水平。

在能源系统中，阀门的应用不仅限于流体控制，还包括对能源的调节和分配。例如，在火力发电厂中，阀门用于控制燃烧过程中的燃料和空气的供应，保障发电系统的稳定运行。在油气输送系统中，阀门被用于调节管道中的流体压力和流量，确保油气的顺利输送。门控制系统在能源系统中的应用主要体现在对设备的远程监控和自动化控制，提高了能源系统的稳定性和安全性。

在液体处理领域，阀门的应用涵盖了污水处理、饮用水供应、化工生产等多个方面。阀门用于调节液体的流动、压力和浓度，实现对液体处理过程的精准控制。门控制系统在

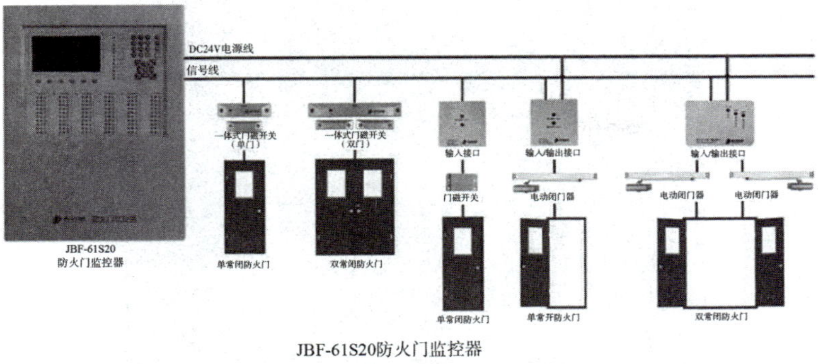

图 1-35 门控制

水闸、水库等水利工程中的应用有助于实现对水流的调节和管理，防止水灾和洪水发生。

阀门和门控制作为机电设备中的执行器，在各个领域中发挥着不可替代的作用。它们的智能化控制和精准操作，提高了机电设备的性能、效率和安全性，为工业制造、建筑自动化、能源系统和液体处理等领域的发展作出了重要贡献。

（四）位置调节和定位系统

在机电设备中，位置调节和定位系统作为一种执行器，主要用于实现对物体或部件的精准位置调节和定位，涉及从工业生产到机器人技术，从汽车制造到医疗设备的多个领域。位置调节和定位系统的应用提高了机电设备的精度、灵活性和自动化水平，为各行各业的发展带来了显著的推动力。图 1-36 为定位系统原理图。

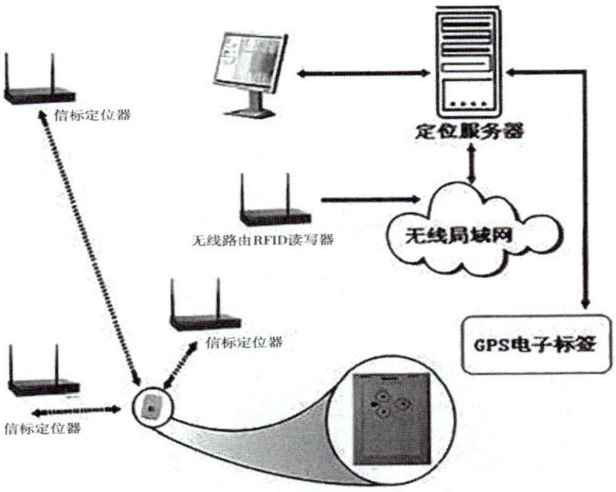

图 1-36 定位系统原理图

在工业制造领域，位置调节和定位系统广泛应用于各种生产设备和自动化生产线中。例如，数控机床、激光切割机、注塑机等设备需要精确的位置调节和定位，以确保工件的加工精度和质量（如图 1-37）。通过高精度的位置调节和定位系统，工业制造能够实现对复杂零部件的精细加工，提高生产效率，降低废品率，推动制造业的现代化和数字化发展。

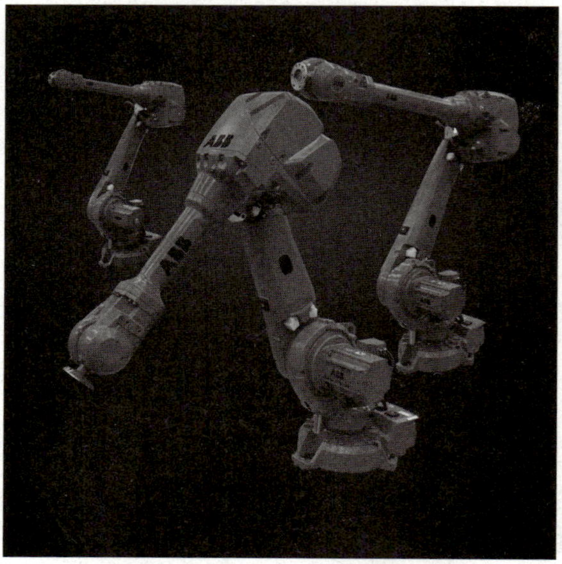

图 1-37　工业机器人

在机器人技术领域，位置调节和定位系统是机器人关节控制的核心。机器人需要在空间中精确定位和调节自身的位置，以完成各种复杂的任务，如装配、焊接、搬运等。通过高度灵活和精准的位置调节和定位系统，机器人能够适应不同工作环境，实现高效的自动化生产和工业操作，提高生产线的柔性和适应性。

在汽车制造领域，位置调节和定位系统被广泛用于汽车装配线上。例如，汽车生产中的焊接机器人（图 1-38）、涂装机器人等需要准确的位置调节和定位，以确保各个零部件的正确组装和加工。通过高精度的位置控制，汽车制造业实现了生产过程的高度自动化，提高了汽车生产的效率和质量。

图 1-38　焊接机器人

在医疗设备领域，位置调节和定位系统的应用对于实现医疗设备的精准定位和操作至关重要。例如，手术机器人（图 1-39）需要通过位置调节和定位系统实现对手术器械的精确控制，确保手术的准确性和安全性。在影像引导治疗中，定位系统用于确保治疗器械的精准定位，提高治疗的精度和效果。

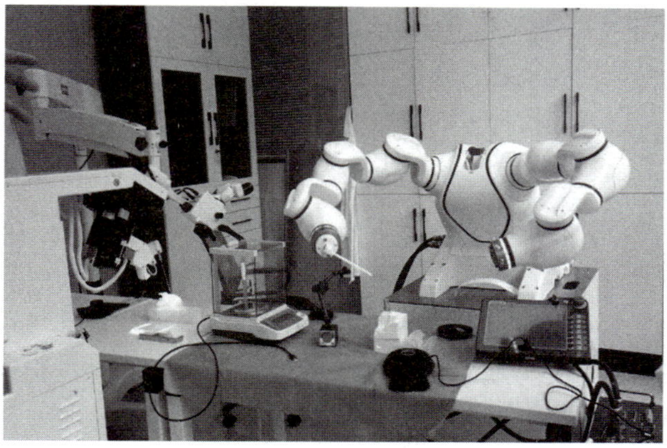

图 1-39 手术机器人

在航空航天领域，位置调节和定位系统的应用对于飞行器的导航、定位和控制至关重要。飞行器需要通过先进的定位系统实现对飞行过程中位置的准确掌控，确保航行的安全性和稳定性。在卫星定位系统中，位置调节和定位技术用于实现对卫星位置的高精度测量，提供全球导航和通信服务。

位置调节和定位系统作为机电设备中的执行器，在工业制造、机器人技术、汽车制造、医疗设备、航空航天等领域都发挥着不可或缺的作用。通过高精度的位置调节和定位，这些系统推动了各行各业的自动化、智能化和精密化发展，为科技创新和社会进步作出了重要贡献。

第三节 机电设备控制系统的数学建模

一、机电设备控制系统的系统描述

数学建模是根据实际问题来建立数学模型，并对数学模型进行求解，然后根据结果去解决实际问题。数学模型是利用系统化的符号和数学表达式对问题的一种抽象描述。数学建模可以看作是把实际问题转换为数学模型的过程。机电设备控制系统的数学建模是一项关键的工程任务，旨在通过数学方程和模型描述系统的行为，为系统设计、分析和控制提供理论基础。在系统描述中，需要首先考虑系统的动力学特性、组成部分和相互关系，以便深入理解系统的工作原理和效用。

机电设备控制系统通常由机械、电气和控制部分组成，其中机械部分包括各种运动部件和传动系统，电气部分涉及电动机、传感器和执行器，而控制部分则包括控制算法和反馈回路。在数学建模中，我们可以使用差分方程、微分方程或状态空间方程来描述系统的动力学行为。以机械系统为例，可以考虑牛顿力学的运动方程，通过考虑质点、弹簧、阻尼等元素，建立机械部分的数学模型。

电气部分的建模可能涉及电路方程、电机动力学方程等，以描述电流、电压和电机转速之间的关系。同时，传感器和执行器的建模也是重要的一环，其中传感器的数学模型可以描述其对物理量的测量原理，而执行器的模型则涉及电动机的动力学和输出特性。在控制算法方面，可以使用传统的 PID 控制器或现代控制理论中的状态空间控制等方法进行建模。

系统描述的关键在于考虑各个部分之间的相互作用和反馈回路。例如，机械部分的运动状态可能会影响电气部分的电机转速，而电气部分的电流反馈又可以影响机械部分的运动。这些相互作用需要通过数学方程准确地表达，以确保模型的准确性和可靠性。

数学建模还要考虑非线性、时变和不确定性等因素，因为实际系统往往受到各种干扰和变化。通过引入非线性项、时变参数或随机扰动，数学模型能够更真实地反映系统的实际性能。

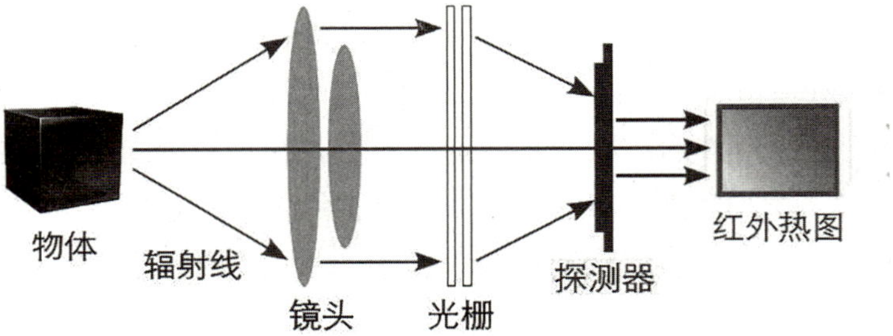

图 1–40　红外热成像仪原理

图 1–40 为红外热成像仪原理。通过电气设备红外图像目标检测能够在运行状态下对电气设备的健康状况进行监测与分析。电气设备红外 图像是利用热成像红外技术获取电气设备的红外辐射量，处理后获取的电气设备可见光图像，能够表现电气设备整 体的热分布 。通过目标检测能够获取电气设备每个区 域的实际温度状况，根据其温度状况分析其内部的缺陷与 故障，从而为电气设备的操作人员提供动作参考，规避或 减少由于设备过热而出现的故障。通过电气设备红外图 像目标检测能够保障电气设备的稳定安全运行，提升电力系统的智能化水平与经济效益 。目标检测作为电气设 备红外图像领域中的重要研究课题，对电气设备内部缺陷 与故障的分析具有重大意义。以下（表 1–表 3）是部分基于压缩感知的电气设备红外图像目标检测数学建模分析。（来源于：廖红菊《基于压缩感知的电气设备红外图像目标检测数学建模分析》）

表 1-1　实验材料红外图像温度识别结果

图像序号	相序	下部均温/℃	中部均温/℃	上部均温/℃	平均温度/℃
1	a 相	19.4	19.4	17.0	17.4
	b 相	20.0	20.0	15.5	18.8
	c 相	18.3	14.7	13.3	15.7
2	a 相	20.9	21.1	17.7	18.2
	b 相	20.5	19.6	14.9	18.2
	c 相	17.6	16.3	14.0	16.7
3	a 相	-0.4	-0.3	-1.8	-0.7
	b 相	0.5	0.6	-0.4	-0.1
	c 相	-0.8	1	0.4	0
4	a 相	11.7	11.7	10.5	11.4
	b 相	12.5	12.1	11	11.7
	c 相	13.2	12.6	12.3	12.6
5	a 相	9.8	9.4	10.5	9.6
	b 相	10.5	10.2	10.0	9.7
	c 相	10.6	10.6	10.5	10.5
6	a 相	7.7	7.4	6.9	7.1
	b 相	8.3	8.2	7.7	7.9
	c 相	7.6	8.7	8.6	7.7

表 1-2　a 相的直线拟合能力实验结果

序号	直线拟合率（%）			
	基于轮廓矩理论的建模方法	基于图像融合的建模方法	基于最大类间方差的建模方法	基于压缩感知的建模方法
图 1	56.9637	59.6358	68.3258	96.3258
图 2	72.0215	74.1258	85.2014	93.6254
图 3	65.3210	68.3201	89.3651	56.3207

续表

图 4	49.6358	50.2144	81.3055	84.1247
图 5	67.258	60.0021	73.2569	91.3201
图 6	81.0245	83.2015	69.3581	96.3258
平均值	65.37075	65.916617	72.29473	91.84782

表 1-3　b 相直线拟合能力实验结果

序号	直线拟合率（%）			
	基于轮廓矩理论的建模方法	基于图像融合的建模方法	基于最大类间方差的建模方法	基于压缩感知的建模方法
图 1	46.3258	62.3258	64.1258	98.6985
图 2	45.3258	67.3258	69.3654	86.3699
图 3	56.3258	66.3258	71.2145	96.3257
图 4	44.6982	61.2548	73.2158	93.2589
图 5	56.3258	66.3659	77.3658	93.2147
图 6	59.3269	63.3214	76.3259	91.2158
平均值	51.38805	64.48658	71.93553	93.18058

二、机电设备控制系统的系统动力学

系统动力学是一种研究动态变化和相互关系的分析方法和工具。它以系统论、控制论和数学模型为理论基础，通过建立数学模型来描述和分析系统中的各个组成部分之间的相互作用和变化规律，以便预测和控制系统的行为。

在机电设备控制系统的数学建模中，系统动力学是关键，它涉及描述系统的运动和响应特性。系统动力学的建模需要考虑机械、电气和控制等多方面的相互作用，以数学方程形式准确地表达系统的动态特性。图 1-41 为机电系统动力学控制示例图。

在机械部分的动力学建模中，我们考虑了机械系统中各个部件的运动规律。使用牛顿力学的原理，我们可以建立质点、弹簧、阻尼等元素的运动方程，以描述机械部分的动态行为。例如，通过考虑质点的受力和受力点的加速度，可以得到与时间相关的位置和速度关系，从而揭示机械系统的运动轨迹和响应。图 1-42 为质量-弹簧-阻尼系统传递函数模型。

在电气部分的动力学建模中，电路方程和电机动力学方程是关键。电路方程用于描述电气元件之间的电流和电压关系，而电机动力学方程则表达了电机在外部载荷下的运动行

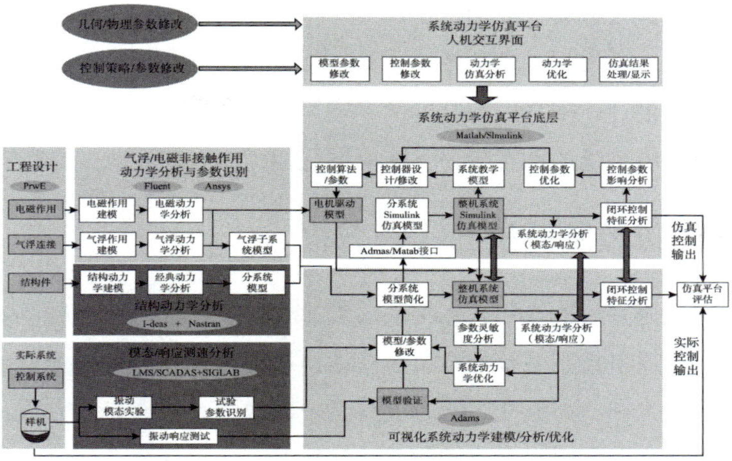

图 1-41　机电系统动力学控制示例图

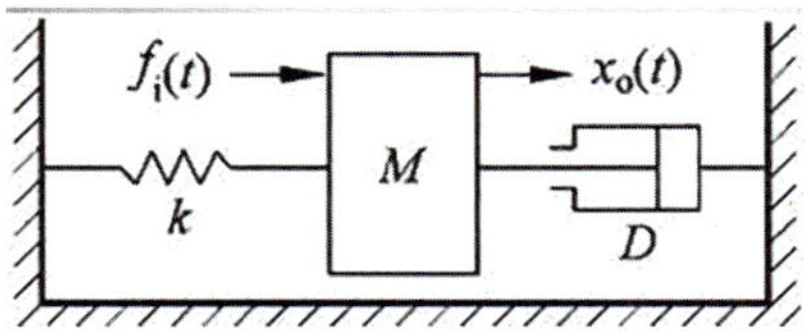

图 1-42　质量-弹簧-阻尼系统传递函数模型

为。这种建模方法使我们能够了解电气系统的响应速度、电流变化和电机转速等动态特性。图 1-43 为 R-L-C 无源电源传递函数模型。

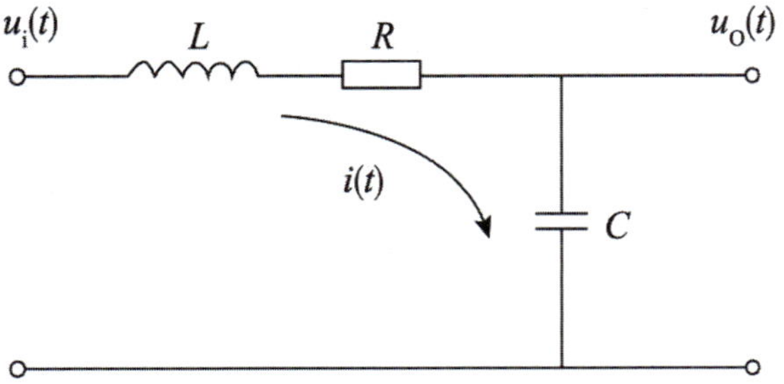

图 1-43　R-L-C 无源电源传递函数模型

同时，在控制系统中，控制算法的动力学也是重要的一环。PID 控制器、状态空间控制等方法都涉及系统响应的动态过程。通过数学方程描述控制器的动态行为，我们可以了解系统对不同控制策略的响应速度、稳定性和抗干扰性等性能。

系统动力学的建模还需要考虑相互之间的耦合和反馈。机械、电气和控制部分之间的相互作用对系统整体的动态行为有着重要影响。例如，在机械部分的运动状态改变时，可能会影响电气部分的电机转速，从而反过来影响机械系统的运动。这种相互作用需要通过耦合项和反馈回路准确地体现在数学模型中，以确保模型的准确性和可靠性。

系统动力学的建模还要考虑非线性、时变和不确定性等因素。实际系统中往往受到各种外部干扰和变化，这些因素需要通过引入非线性项、时变参数或随机扰动来反映在数学模型中，以便更真实地模拟系统的动态特性。

系统动力学的数学建模是机电设备控制系统中的关键，通过准确地描述系统的运动和响应特性，为系统的设计、仿真和控制提供了重要的理论基础。这种建模方法使工程师们能够更深入地理解机电系统的动态行为，从而更好地优化系统性能，提高控制效能。

三、机电设备控制系统的状态方程

状态方程是指刻画系统输入和状态关系的表达式。状态方程是控制系统数学模型的重要组成部分。在机电设备控制系统的数学建模中，状态方程是一种强大而灵活的工具，用于描述系统的动态行为和状态演变。状态方程是一组微分方程或差分方程，通过这些方程可以清晰地描绘系统在不同时间点上的状态以及状态的变化规律。这种建模方法为系统的分析、仿真和控制提供了理论基础，具有广泛的适用性。如下所示公式（1-1）称为状态方程，式（1-2）便是输出方程。

$$\begin{cases} \dot{x}=A(t)\ x+B(t)\ u, & (1-1) \\ y=C(t)\ x & (1-2) \end{cases}$$

状态方程的形式通常采用状态空间表示，其中系统的状态被表示为一个向量，而状态方程则用于描述状态向量随时间而演变。在机电设备控制系统中，状态向量可以包括机械系统的位置、速度，电气系统的电流、电压，以及控制系统的误差等。通过这些状态的动态变化，我们可以更全面地理解系统的运行状况。

在机电设备的控制系统中，状态方程可以涵盖机械、电气和控制等多个方面。例如，在机械系统中，状态向量可以包括质点的位移和速度，而状态方程则描述了质点在外力作用下的运动规律。在电气系统中，状态向量可以包括电机的电流和电压，而状态方程则反映了电机的动态响应和电气特性。在控制系统中，状态向量可以包括误差信号和控制输入，而状态方程则揭示了控制器对系统状态的调节过程。

状态方程的建立需要考虑系统的物理特性、动力学行为以及各个部分之间的相互作用。通过适当选择状态变量和建立准确的状态方程，可以更全面地反映机电设备控制系统的复杂性和多样性。状态方程的形式化建模不仅为系统的分析提供了数学框架，也为控制器的设计和系统优化提供了重要依据。

状态方程作为机电设备控制系统数学建模的核心之一，为系统动态特性的准确描述和分析提供了有力的工具。通过这种建模方法，工程师们能够更深入地理解机电设备系统的运行机理，为系统的设计、控制和优化提供了坚实的理论基础。

四、机电设备控制系统的输入输出关系

输入输出控制系统直接存储器的存取控制方式，是输入输出设备同主存储器之间的数

据传送由输入输出控制系统直接控制在机电设备控制系统的数学建模中，输入输出关系是建模的一个关键方面，它描述了系统的输入信号与输出响应之间的关系。这一关系对于理解系统的动态行为、进行系统仿真以及设计控制策略至关重要。通过建立准确的输入输出关系，工程师们能够深入分析系统的性能、优化控制算法，并最终实现对机电设备的精确控制。图 1-44 为电缸控制器输入输出工作原理图。

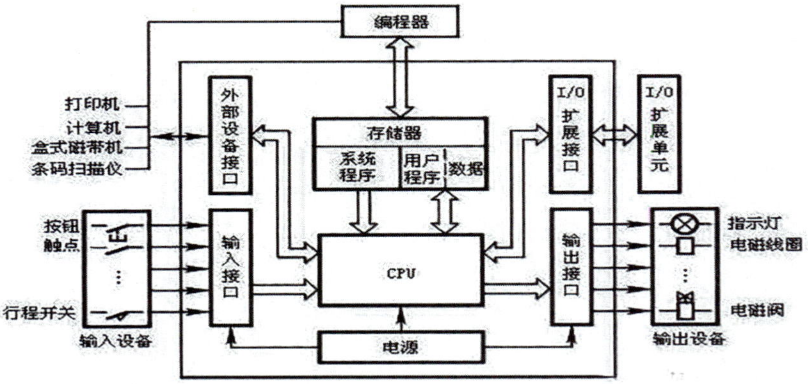

图 1-44　电缸控制器输入输出工作原理图

在数学建模中，输入输出关系通常通过传递函数或系统方程来表示。传递函数是把具有线性特性的对象的输入与输出间的关系用一个函数（输出波形的拉普拉斯变换与输入波形的拉普拉斯变换之比）来表示的，是一个频域表达，将输入信号的频谱与输出信号的频谱联系起来，形式为 $G(s)=\frac{Y(s)}{U(s)}$，其中 $G(s)$ 是传递函数，$Y(s)$ 是输出信号的 Laplace 变换，$U(s)$ 是输入信号的 Laplace 变换。通过传递函数，我们可以了解系统对不同频率成分的响应，从而更好地理解系统的频域性能。

在机电设备控制系统中，输入输出关系通常涉及机械、电气和控制三个方面。例如，在机械系统中，输入信号可能是外部施加的力或扭矩，输出信号则对应着物体的位移或角度变化。在电气系统中，输入信号可能是电压或电流，输出信号则对应着电机的转速或位置。在控制系统中，输入信号是控制器产生的命令信号，输出信号则对应着系统的响应信号，如位置误差、速度等。

输入输出关系的建模还需要考虑系统的非线性特性、时变性和外部扰动。实际系统中常常存在非线性元件，例如摩擦、齿轮间隙等，这些因素需要通过适当的非线性建模方法考虑在内。时变性则反映了系统参数随时间变化的情况，这在一些工况下可能是不可避免的。外部扰动包括环境干扰、负载变化等，也需要通过建模方法加以考虑。

建立机电设备控制系统的输入输出关系是数学建模的关键步骤之一。通过深入理解系统的输入输出特性，工程师们能够更好地设计控制策略、进行系统仿真以及优化系统性能，为实现对机电设备的高效控制提供了有力的理论基础。

五、机电设备控制系统的传递函数

在机电设备控制系统的数学建模中，传递函数是一种重要的工具，用于描述系统的输入与输出之间的关系，特别是在频域分析和控制系统设计中发挥着关键的作用。传递函数以一种简洁而有效的方式概括了系统的频率响应和动态性能，为工程师们提供了便捷的手段来理解和分析机电系统的行为。其常见表达方式如（1-3）：

$$G(s) = Y(s) / X(s) \tag{1-3}$$

其中，X（s）是输出信号的拉普拉斯变换，X（s）是输入信号的拉普拉斯变换。

在传递函数的建模中，机械、电气和控制系统的各个方面都会被纳入考虑。例如，在机械系统中，传递函数可能涉及到质点的运动、弹簧的振动等机械元件的动态响应。如（1-4）为弹簧-阻尼系统传递函数表达式：

$$mx''(t) + cx'(t) + kx(t) = F(t) \tag{1-4}$$

其中，m 是系统的质量，c 是系统的阻尼系数，k 是系统的刚度系数，$x(t)$ 是系统的位移，$x'(t)$ 和 $x''(t)$ 分别是位移的一阶和二阶导数，$F(t)$ 是外加的力。

在电气系统中，传递函数可能反映电机的电流、电压之间的关系，以及电气元件的响应速度。在控制系统中，传递函数通常表示控制器对系统的调节效果，揭示系统对不同控制策略的响应速度和稳定性。

传递函数的优势之一在于其在频域分析中的方便性。通过传递函数，工程师们能够轻松地进行频率响应分析，包括振幅、相位和截止频率等指标的计算。这对于理解系统的频率特性、调整控制器的参数以及预测系统的稳定性非常有帮助。传递函数还为控制系统设计提供了便捷的工具。采用控制理论中的频域设计方法，工程师们可以通过调整传递函数的极点和零点来实现对系统的稳定性、过渡特性和阻尼比等进行精确控制。这种频域设计方法在控制系统工程中得到了广泛应用，为实现对机电设备的高性能控制提供了有效的手段。

传递函数作为机电设备控制系统数学建模的一部分，为工程师们提供了一种直观且有效的方式来描述和分析系统的频域特性。通过传递函数，能够更全面地理解机电系统的动态行为，为系统的设计、优化和控制提供了重要的数学工具。

六、机电设备控制系统的控制器建模

在机电设备控制系统的数学建模中，控制器的建模是至关重要的一环，它直接影响系统的稳定性、性能和鲁棒性。控制器的数学模型描述了控制算法、反馈回路以及与系统交互的方式，为工程师们提供了理论基础来设计有效的控制策略、优化系统性能和实现对机电设备的精准控制。图 1-45 为四轮驱动混合动力汽车模型，其模型包括驾驶员模型、车辆控制器模型、发动机模型、电机及其控制器模型、电池模型、离合器模型、变速器模型、主减速器和差速器模型、轮胎模型和车辆动力学模型。

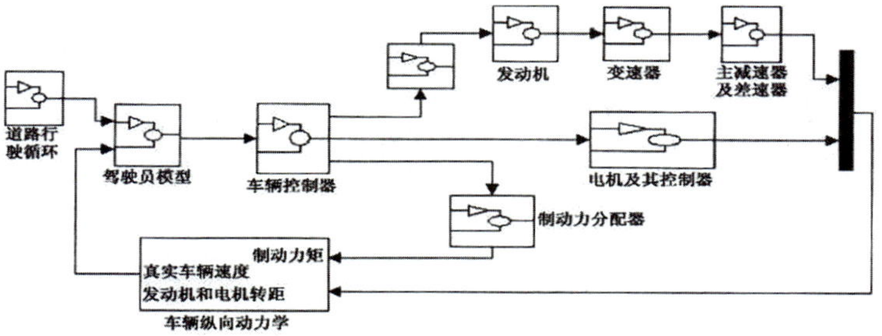

图 1-45　四轮驱动混合动力汽车模型

控制器的数学建模通常采用差分方程、状态空间方程或传递函数的形式，具体形式取决于系统的性质和控制算法的选择。在差分方程中，控制器的动态特性通过差分项来表示，反映了控制算法对系统的调节过程。在状态空间方程中，控制器与系统的耦合通过状态矩阵和输入矩阵来描述，这种方法适用于对系统状态进行全面掌控的情形。而传递函数形式的模型则能够清晰地表达控制器对不同频率输入的响应，为频域分析提供了便捷的工具。

在控制器建模中，经典的 PID（比例、积分、微分）控制器常常被使用。除了 PID 控制器，现代控制理论中的状态空间控制、模型预测控制（MPC）、自适应控制等方法也需要相应的数学模型。状态空间控制利用状态变量对系统进行建模，并通过状态反馈来实现对系统的调节。模型预测控制基于对未来系统行为的预测，通过优化控制输入来实现对系统的优化控制。自适应控制则依赖于对系统参数的在线估计，以实时调整控制策略。

在建模过程中，控制器的鲁棒性和稳定性也是需要考虑的重要因素。对于工程实践而言，鲁棒性意味着控制器在面对参数变化、外部扰动等不确定性时能够保持良好的性能。稳定性则是确保系统在闭环控制下不发生不受控制的振荡或不稳定行为。

控制器的数学建模是机电设备控制系统数学建模中的核心任务之一。通过建立准确的数学模型，工程师们能够深入理解控制器对系统的影响，为系统的设计、仿真和优化提供了坚实的理论基础。这种数学建模方法为实现对机电设备的高效、稳定和鲁棒的控制奠定了基础。

七、机电设备控制系统的反馈环路

反馈环路在机电设备控制系统的数学建模中扮演着至关重要的角色，它是一种关键的控制策略，通过将系统输出的信息反馈给控制器，实现对系统性能的实时调节和稳定性的提升。数学建模中的反馈环路描述了系统的闭环结构，为工程师们分析和优化机电设备的控制系统提供了有效的手段。

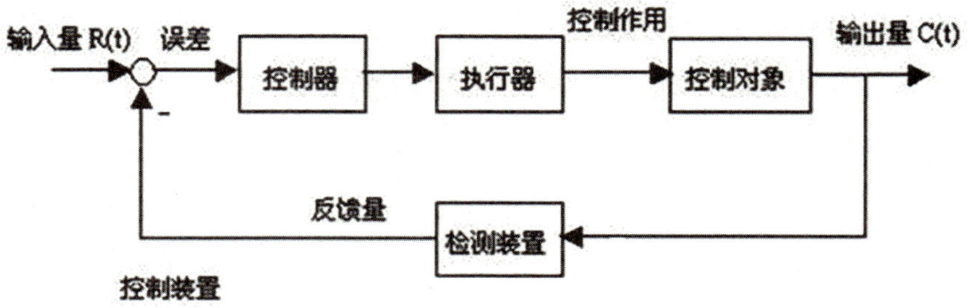

图 1-46　反馈环路

图 1-46 所示为反馈环路示意图。其基本结构包括传感器、控制器和执行器，通过不断地测量系统输出并将信息反馈给控制器，实现对系统输入的调节。在数学建模中，反馈环路的描述通常通过差分方程、状态空间方程或传递函数的形式来呈现。这种数学模型揭示了反馈环路对系统动态行为和稳定性的影响，为工程师们提供了设计稳健的控制系统的理论基础。差分方程描述的反馈环路模型，反映了系统输出与误差信号之间的关系，控制器通过调节输入信号来实现对系统的控制。通过合理选择控制器的传递函数和系统的传递函数，工程师们能够实现对系统性能的有效调节。反馈环路的数学模型反映了系统状态向量随时间的演变通过反馈矩阵的调节，工程师们能够实现对系统状态的控制，进而影响系统的输出。传递函数形式的反馈环路模型反映了系统输出与参考输入之间的关系。通过分析传递函数的极点和零点，工程师们能够判断系统的稳定性、阻尼比以及频率响应等重要性能指标。

在机电设备控制系统中，反馈环路的设计和调节对于实现系统的鲁棒性、稳定性和动态性能至关重要。通过数学建模，工程师们能够更全面地了解反馈环路对系统的影响，为系统的设计、仿真和优化提供有力的理论支持。反馈环路的数学模型为工程师们提供了一种深入理解控制系统行为的工具，为实现对机电设备的高效控制奠定了基础。

八、机电设备控制系统的模拟和仿真

在机电设备控制系统的数学建模中，模拟和仿真是不可或缺的工具，它们为工程师们提供了有效的手段来评估系统性能、验证控制策略以及优化系统设计。数学建模中的模拟和仿真通过计算机技术和数学方法，能够在虚拟环境中模拟和重现机电系统的动态行为，为系统设计和优化提供了高效、经济的途径。

模拟是通过数学方程和计算机算法，将实际系统的动态行为转化为数值数据，从而实现对系统行为的模拟。在机电设备控制系统的数学建模中，通过建立准确的数学模型，工程师们可以使用仿真软件对系统的动态响应、稳定性和性能进行模拟。这种模拟方法使工程师们能够在设计阶段快速评估不同控制策略的效果，减少实际试错的成本和时间。

仿真则更进一步，通过计算机程序模拟系统的运行过程，产生系统在不同工况下的输出响应。在机电设备控制系统的数学建模中，仿真可以涉及不同部分的系统，包括机械、电气和控制等多个方面。这种全面的仿真方法能够更真实地反映机电系统的复杂性，为工程师们提供更准确的性能预测。

在进行模拟和仿真时，数学建模中的各个方面都需要被考虑。机械系统的动力学、电气系统的电路方程、控制系统的算法等都被整合到一个全面的模型中，以实现对整个机电设备控制系统的综合仿真。通过这种综合仿真，工程师们能够更好地理解系统的交互作用和动态行为，为系统的设计和调优提供更可靠的依据。

在仿真的过程中，还可以考虑不同工况和工作负载下的系统性能。这种多情景的仿真方法有助于评估系统的鲁棒性和适应性，确保系统在实际应用中能够稳定运行并满足设计要求。同时，仿真还能够帮助工程师们发现潜在问题和改进设计，提高系统的性能和可靠性。图 1-47 为基于力控的运料小车控制系统模拟仿真，可实现装料到卸料在 A、B 两个仓位全过程控制。

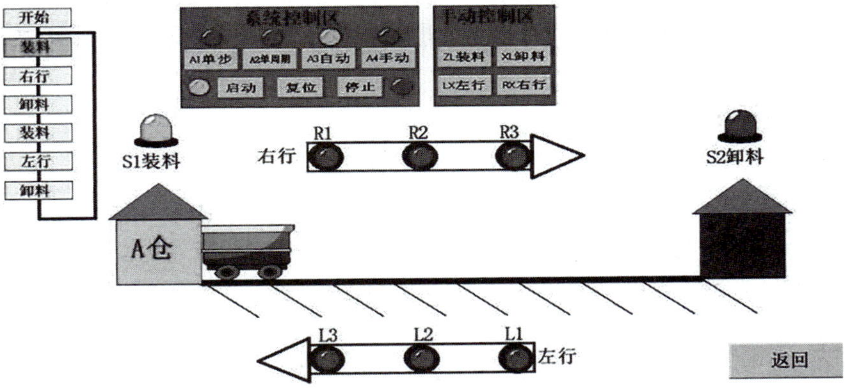

图 1-47　基于力控的运料小车控制系统模型仿真

模拟和仿真在机电设备控制系统的数学建模中扮演着重要的角色。通过这些工具，工程师们能够在设计阶段快速、精确地评估系统性能，发现潜在的问题，并通过优化控制策略、参数调整等手段提高系统的效率和稳定性。模拟和仿真为机电设备的设计和优化提供了高效而可靠的方法，加速了工程实践中的创新和进步。

第四节　机电设备控制算法与调节方法

一、机电设备控制算法

（一）开环控制和闭环控制

在机电设备控制算法中，开环控制和闭环控制是两种基本的控制策略，它们分别代表了不同的控制思路和应用场景。开环控制是一种简单而直接的控制方式，其特点在于系统的输出不受到实时反馈的影响；闭环控制则通过持续的反馈机制来调整系统的输出，以实现更精确、稳定的控制效果。

开环控制，又称为前馈控制，是一种基于事先给定输入和系统数学模型的控制策略。在这种控制方式下，控制器根据预先设定的输入信号直接作用于系统，而无需实时监测系统的输出。开环控制的优点在于简单、直观，适用于一些稳定性要求不高、系统动态变化较缓慢的场景。例如，对于一些简单的家用电器或机械设备，开环控制可以满足基本的功能需求。图 1-48 为数控加工机床开环控制图。

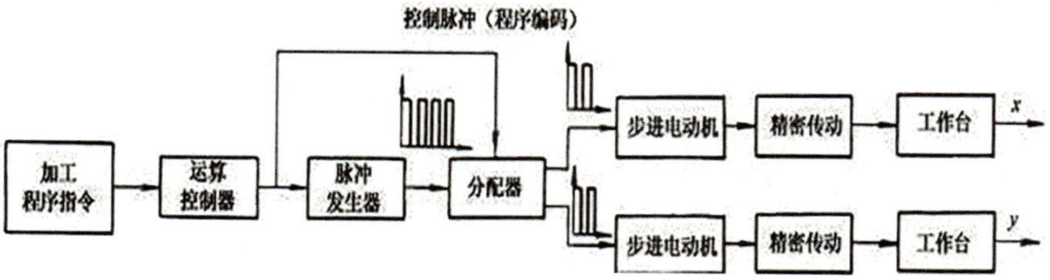

图 1-48　数控加工机床开环控制

然而，开环控制也存在一些局限性。由于其不考虑实时反馈信息，对于系统外部扰动、参数变化或不确定性的适应能力较弱。系统在工作过程中可能受到环境变化、负载变动等因素的影响，从而导致控制性能下降。因此，在一些对稳定性和精度要求较高的应用场景中，开环控制并不是最理想的选择。

闭环控制，又称为反馈控制，通过实时监测系统的输出并将反馈信息引入控制器，不断调整控制输入以维持系统的稳定性和性能。闭环控制通过持续的反馈机制能够对系统动态特性进行实时调整，适应系统的变化和外部扰动。这种控制方式具有良好的稳定性和鲁棒性，适用于对控制性能要求较高的场景。图 1-49 所示为电炉箱恒温自动控制系统。

闭环控制的核心在于控制器通过实时监测系统输出与目标值之间的差异（误差），并根据误差进行调整。经典的闭环控制系统包括传感器、控制器和执行器。传感器负责采集系统的实际输出，控制器根据实际输出与目标值的误差进行计算并产生控制指令，执行器

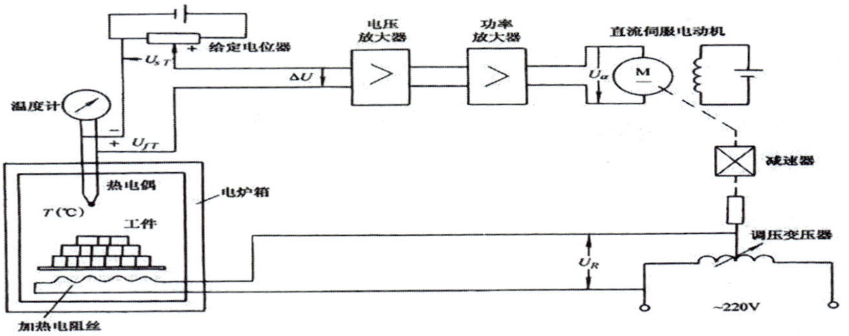

图 1-49 电炉箱恒温自动控制系统（闭环控制）

则根据控制指令对系统进行调节。闭环控制系统可以应对各种不确定性和外部扰动，因此在许多工业和自动化领域中被广泛采用。图 1-50 为自动控制系统的框图。

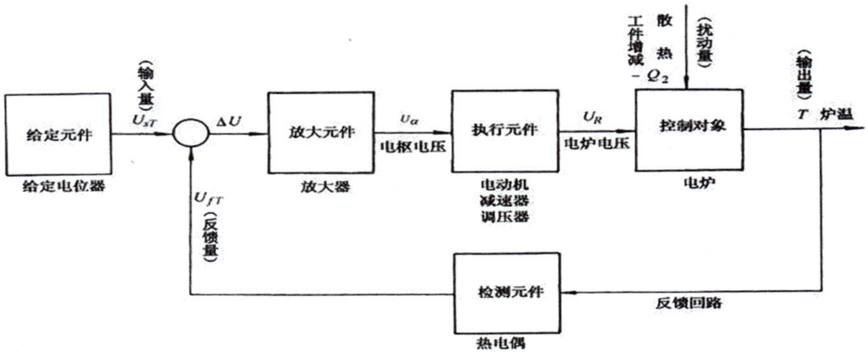

图 1-50 自动控制系统的框图

开环控制和闭环控制代表了两种不同的控制范式，各自适用于不同的应用场景。开环控制简单直观，适用于一些基本的、不对稳定性要求过高的场景，而闭环控制通过实时反馈，能够更好地适应系统的动态变化和外部扰动，因此在对控制性能要求较高的领域得到广泛应用。在实际的机电设备控制算法中，工程师们通常根据具体应用的需求选择合适的控制策略，或者将开环和闭环结合起来，以充分发挥各自的优势。图 1-51 为一个水位控制系统的示意图。其系统的组成框图，如图 1-52 所示，是典型的闭环控制系统。其自动调节过程如图 1-53 所示。直至 $Q_1=Q_2$，$H=H_0$，$U_B=U_A$，$\Delta U=0$ 时，电动机停转为止。

（二）比例-积分-微分（PID）控制

比例-积分-微分（PID）控制是机电设备控制系统中广泛应用的一种经典控制算法，它通过综合利用比例、积分和微分三个控制部分，实现对系统动态响应、稳定性和鲁棒性的调节。PID 控制算法的灵活性和简便性使其成为许多工业和自动化应用的首选控制策略。其控制器原理框图见图 1-54。

比例（P）控制通过将误差信号的比例应用于控制器输出，实现对系统动态响应的调节，其表达式为 G（s）= K，功能框如图 1-55 所示。

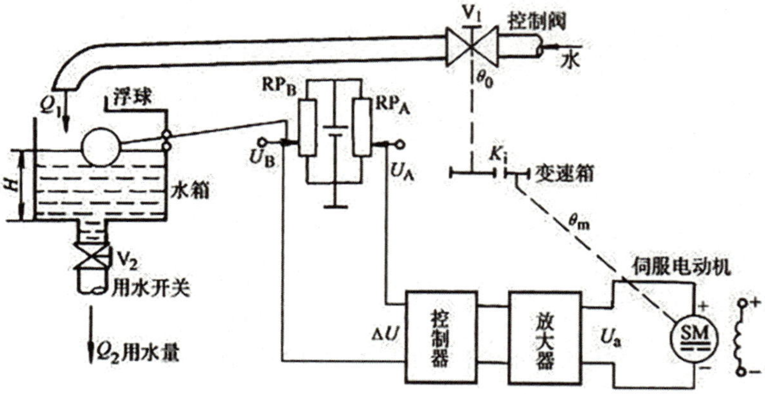

图 1-51　水位控制系统示意图

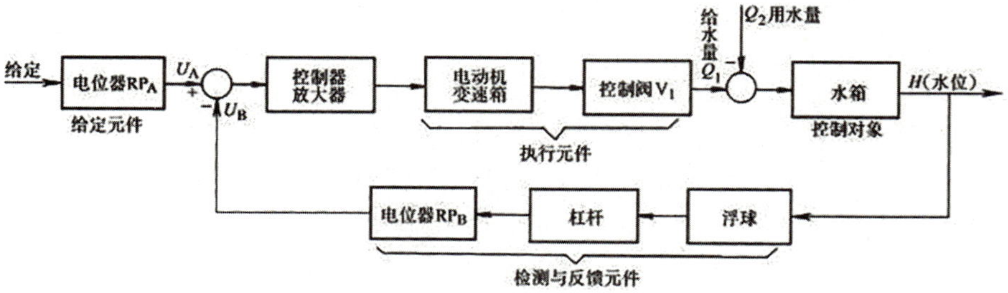

图 1-52　水位控制系统的组成框图

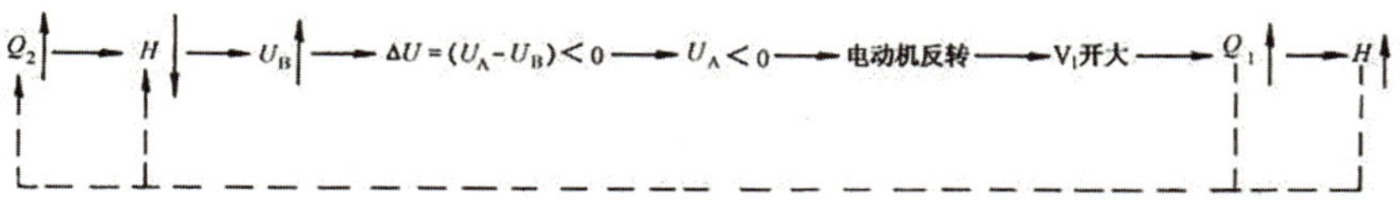

图 1-53　水位控制系统的自动调节过程

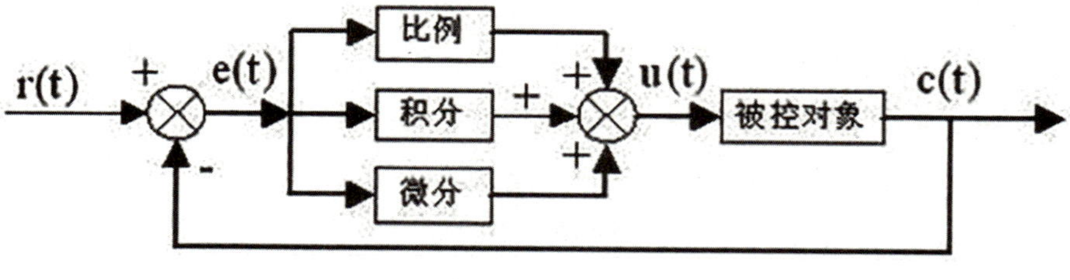

图 1-54　PID 控制器原理框图

比例项对误差的大小进行线性调节，使系统能够快速响应，但单独使用可能导致系统的过冲和震荡。比例环节是自动控制系统中遇的到最多的一种，例如电子放大器、齿轮减速器、杠杆机构、弹簧、电位器等，如图 1-56 所示。

积分（I）控制通过对误差信号的积分来消除系统的稳态误差。积分项对误差的累积进行调节，能够在系统达到稳态时持续调整控制器输出，从而实现更准确的跟踪目标值。

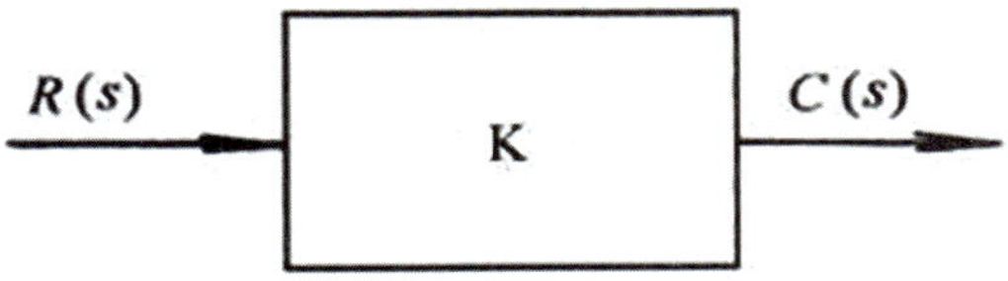

图 1-55　比例环节功能框图

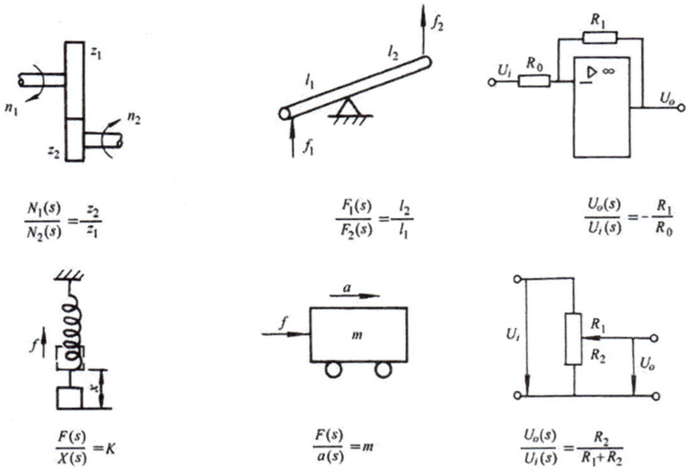

图 1-56　比例环节实例

然而，积分项的过大可能导致系统的超调和震荡。其表达式为 $G(s)=\frac{1}{Ts}$ ，功能框如图 1-57 所示。

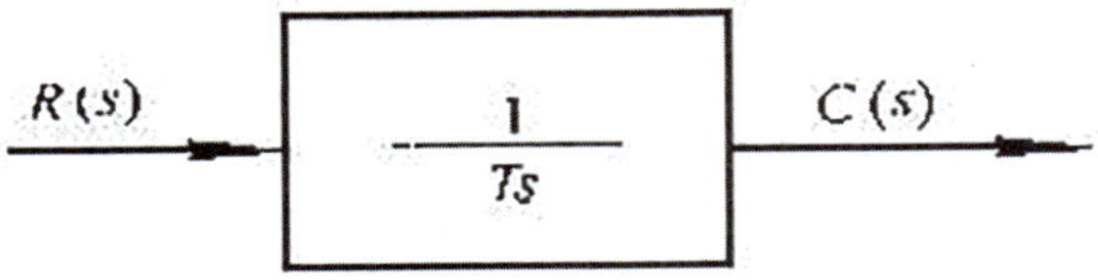

图 1-57　积分环节功能框图

积分环节的特点是它的输出量为输入量对时间的积累。因此，凡是输出量对输入量有储存和积累特点的元件一般都含有积分环节。例如水箱的水位与水流量，烘箱的温度与热流量（或功率），机械运动中的转速与转矩，位移与速度，速度与加速度，电容的电量与电流等等。积分环节也是自动控制系统中遇到的最多的环节之一，如下图 1-58 所示。

微分（D）控制通过对误差信号的导数进行调节，抑制系统的振荡和过冲。其表达式

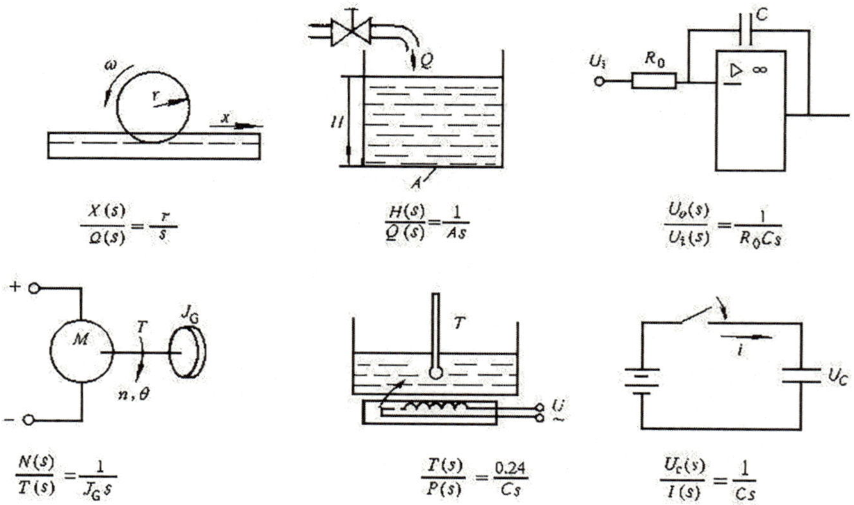

图 1–58　积分环节实例

为 $G(s)=\tau s$ ，其功能框如图 1–59 所示。

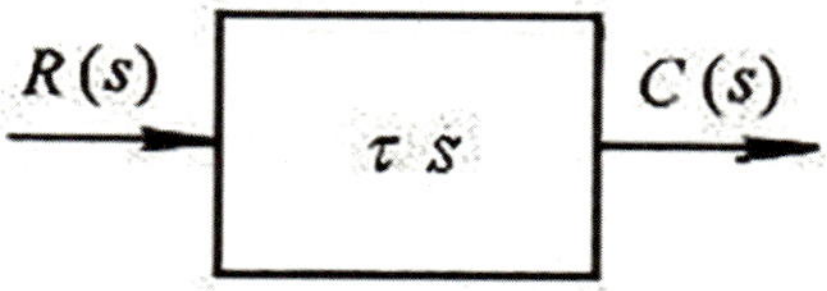

图 1–59　微分环节功能框图

微分项对误差的变化率进行调节，能够提高系统的稳定性，但过大的微分项可能导致系统对噪声和扰动敏感。如图 1–60 所示。

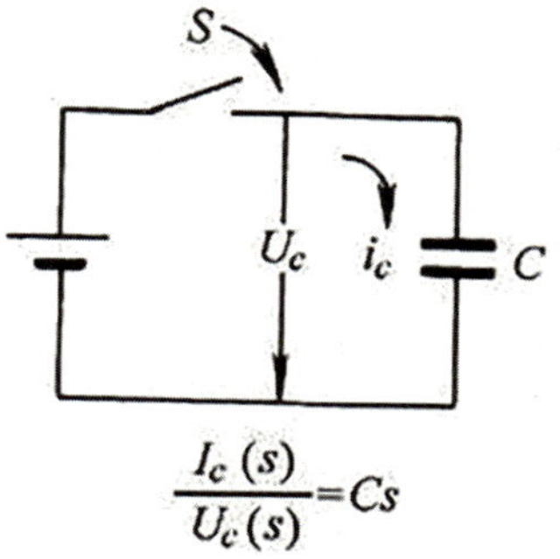

图 1–60　微分环节实例

PID 控制算法的优势在于其简单而有效，适用于各种不同类型的机电设备控制系统。

其参数调整相对直观，通过手动或自动调整 PID 参数，工程师们能够快速响应系统的需求。PID 控制还能够适应不同工况和工作负载，使其在实际工程中得到广泛应用。

PID 控制也存在一些限制。在某些复杂系统或快速变化的环境中，PID 控制可能不足以满足对精确性和响应速度的要求。在这些情况下，可能需要采用更高级的控制算法，如模型预测控制（MPC）或自适应控制。

比例-积分-微分（PID）控制算法作为一种经典而实用的控制策略，在机电设备控制系统中发挥着重要作用。其简单性和可调节性使其适用于各种应用场景，成为许多工程师首选的控制算法之一。

（三）模糊控制

模糊控制是一种基于模糊逻辑的控制算法，适用于复杂、非线性以及难以精确建模的系统。该算法通过模糊集合、模糊规则和模糊推理的方式，实现对机电设备控制系统的自适应和鲁棒性控制。模糊控制在面对模糊、不确定性和复杂性问题时展现了出色的性能，因而在各种工业和自动化应用中得到广泛应用。

模糊控制的核心思想在于模糊集合论，通过将输入、输出和规则进行模糊化处理，将传统的精确逻辑推理扩展到模糊环境中。模糊集合的概念允许系统处理不确定性和模糊性的信息，使得控制器能够更好地适应不同工况和变化的环境。下图 1-61 为模糊控制原理框图。

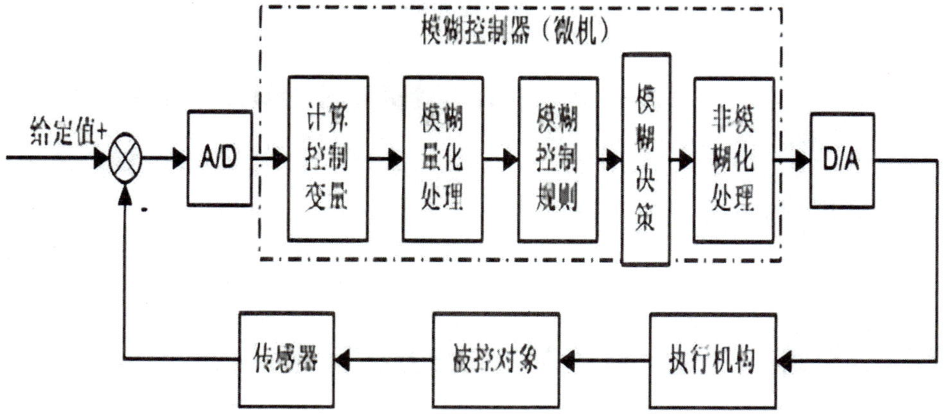

图 1-61　模糊控制原理框图

在模糊控制中，模糊规则是控制系统的核心。这些规则通过模糊化的输入和输出之间的关系来定义。例如，一个模糊规则可以是："如果温度较高且湿度较低，那么减小加热器功率"。通过将多个模糊规则组合起来，构成了一个模糊推理系统，能够根据当前环境的模糊信息进行智能的控制决策。下图 1-62 为模糊控制器组成框图。

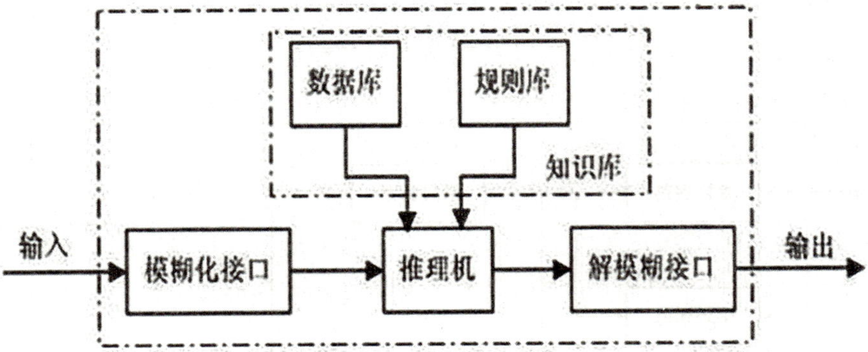

图 1-62　模糊控制器组成框图

模糊控制的一个重要组成部分是模糊控制器，通常包括模糊化、模糊推理、去模糊等步骤。在模糊化阶段，控制器将输入信号转化为模糊集合。模糊推理阶段利用模糊规则进行推理，生成模糊的控制输出。最后，在去模糊阶段，通过将模糊输出转化为具体的控制指令，实现对机电设备的精确控制。

模糊控制在机电设备控制中的应用广泛，例如温度控制、速度调节、位置控制等。在这些应用中，模糊控制系统能够有效地处理由于环境变化、负载波动等引起的不确定性，实现对系统的稳定性和性能的自适应调节。模糊控制还能够较好地处理非线性系统，避免了传统控制算法需要进行复杂建模的问题。

模糊控制也有其局限性。在一些要求高精度、高性能的应用中，传统的精确控制算法可能更为适用。此外，模糊控制的设计和调整相对较为复杂，需要经验丰富的工程师进行参数的调优。因此，在选择控制算法时，工程师们需要根据具体的应用场景和系统特性权衡各种算法的优劣，以达到最佳的控制效果。总体而言，模糊控制在机电设备控制算法领域中以其良好的鲁棒性和适应性，为处理实际复杂工程问题提供了一种有效的手段。

（四）神经网络控制

神经网络控制是一种基于人工神经网络的先进控制算法，它模拟了人脑神经系统的结构和功能，通过学习和适应来实现对机电设备的自适应、非线性和复杂系统的控制。神经网络控制在面对未知环境、非线性特性和高度复杂系统时展现了强大的潜力，被广泛应用于自动化、工业控制和机器人等领域。

神经网络是由神经元组成的计算单元构成的网络结构，通过权重和激活函数的调节实现对输入信号的加权和非线性映射。神经网络控制系统通常包括输入层、隐层和输出层，其中输入层接收系统的输入信号，输出层产生控制指令，而隐层则负责处理和提取输入信息的特征。图 1-63 所示为神经网络模型图示。

神经网络控制的核心思想在于通过训练神经网络，使其能够从历史数据中学习和建模系统的动态行为。训练过程中，神经网络通过调整权重和参数，逐渐优化自身的映射关

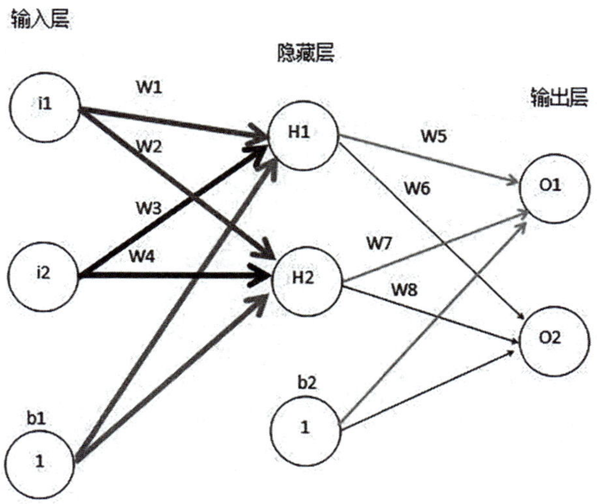

图 1-63　神经网络模型

系，以最小化预测输出与实际输出之间的误差。这种学习和适应的能力使得神经网络控制能够适应不同工况和系统的变化，具有强大的非线性建模和控制能力。

神经网络控制的适用范围广泛，包括但不限于机械系统、电力系统、化工过程等。在机电设备控制中，神经网络控制能够处理一些难以建模或模型不确定的复杂系统，如弹性连接、摩擦、非线性负载等因素。此外，神经网络控制还能够处理多输入多输出（MIMO）系统，并具有强大的自适应性，能够自动调整控制策略以适应系统的变化。

神经网络控制也面临一些挑战。神经网络的结构和参数调整需要大量的训练数据，而且网络结构的设计和训练过程相对复杂。此外，过拟合和训练不稳定性是神经网络控制中需要克服的问题，需要工程师们谨慎选择网络结构和调整参数，以保证系统的稳定性和性能。

神经网络控制作为一种先进的控制算法，为机电设备控制系统提供了强大的建模和控制工具。其具有的强大的非线性建模和适应性能力，能够处理复杂系统和变化环境下的控制问题。随着神经网络技术的不断发展，神经网络控制在实际工程中将更加普遍地应用于各种机电设备控制场景。

二、机电设备控制的调节方法

（一）手动调节

手动调节是机电设备控制中最基础、最直观的调节方法之一。它依赖于人工干预，通过手动调整控制器参数或执行器位置来实现对系统的调节。手动调节在一些简单、稳定性要求不高或初期调试阶段的情况下非常有效。

手动调节涉及对控制系统的参数进行直接调整。例如，在比例-积分-微分（PID）控制中，工程师可以手动调整比例增益、积分时间和微分时间，以达到期望的控制效果。这种方式直接、灵活，使得工程师能够根据经验和直觉来进行调整，快速响应系统的变化。

手动调节还包括对执行器位置或输出信号进行直接调整。在一些位置控制的应用中，工程师可以通过手动转动螺钉或调整阀门来改变执行器位置，从而影响系统的输出。这种方法直观、简单，适用于一些小型机电设备或需要快速调整的情况。

手动调节的优势在于其简单、直观，不需要复杂的数学模型或算法理论支持。工程师们可以根据实际情况和经验来调整系统，迅速实现对控制系统的调节。这在一些初步调试或对系统性能要求不高的情况下非常实用。

手动调节也存在一些显著的局限性。它依赖于工程师的经验和主观判断，可能导致调整过程中的试错和反复。对于复杂、非线性系统或对控制性能要求高的场景，手动调节的精度和稳定性可能无法满足要求。因此，在一些对系统性能要求较高的应用中通常会采用自动调节的方法，如自适应控制或模型预测控制。

手动调节是机电设备控制中一种简单而直观的调节方法。它在一些简单场景和初期调试阶段非常有效，能够迅速响应系统变化。然而，在面对复杂系统和高性能要求时，通常需要借助更先进的自动调节方法来实现更精准、稳定的控制。

（二）试错法

试错法是为了追求达到理想目标而通过不断试验和消除误差，探索具有黑箱性质的系统的方法。试错法在机电设备控制的调节中是一种常用且有效的方法。这种方法的核心思想是通过不断尝试不同的参数或控制策略，从而逐步接近系统的最佳性能。在实际应用中，试错法可以分为多个阶段，每个阶段都对系统的响应进行观察和分析，然后调整参数以获取更好的控制效果。

试错法的第一阶段是初始设定阶段。在这个阶段，控制系统的初始参数被设置为一个合理的范围内，以确保系统能够正常运行。然后，系统被观察并记录其响应。这一阶段的目标是建立一个基准，了解系统在当前参数下的性能表现。

接下来是参数调整阶段，通过对初始参数进行微调，观察系统响应的变化。这可以通过手动调整参数或使用自动化工具进行实现。在这个阶段，需要关注系统的稳定性、速度和准确性等性能指标，以找到最佳的参数组合。

试错法的关键在于不断重复调整和观察的过程，直到系统达到期望的性能水平。在每一次调整后，都需要仔细分析系统的响应，了解参数变化对性能的影响。通过逐步优化参数，可以最终达到对机电设备的精准控制。

需要注意的是，试错法并不是一种盲目的方法，而是需要在对系统的深入理解和经验的基础上进行。在调整过程中，工程师需要考虑系统的动态特性、稳定性和鲁棒性，以确保调节后的系统能够在各种工况下稳定运行。

试错法在机电设备控制的调节中扮演着重要的角色，通过不断调整参数并观察系统响应，可以优化控制系统的性能，实现对机电设备的精准控制。这种方法既需要理论知识的支持，又依赖于工程师的经验和创造力，是一种灵活而有效的调节方法。

（三）Ziegler-Nichols 法

Ziegler-Nichols 法是工程上最常用的快速整定 PID 参数的方法。Ziegler-Nichols 法根据给定对象的瞬态响应来确定 PID 控制器的参数，该方法根据系统的稳态特性和动态响应特性来确定 PID 控制器的参数，以实现优化的控制效果。图 1-64 为 PID 整定器原理图。

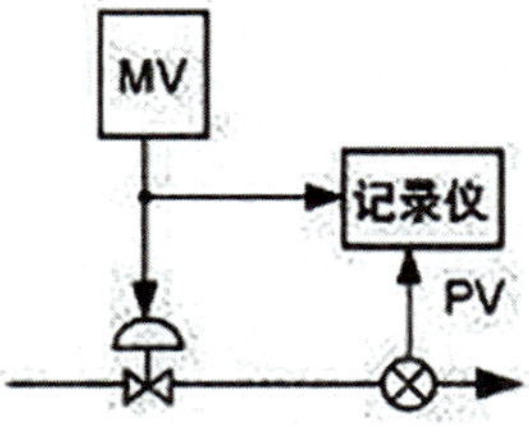

图 1-64 PID 整定器原理图

Ziegler-Nichols 法是机电设备控制领域中一种经典而广泛应用的调节方法，其独特的开创性思想和简洁的实施步骤使其备受推崇。该方法的核心是通过系统的动态响应特性来确定合适的比例增益和积分时间，从而实现对机电设备的精准控制。

Ziegler-Nichols 法要求在系统中引入一个较小的比例增益，并观察系统的临界比例增益，即系统开始出现振荡的临界点。通过逐渐增大比例增益，工程师可以观察到系统的响应变化，直到系统产生持续的振荡。这一步骤的关键在于找到系统临界点的比例增益，这个比例增益被称为临界比例增益（*Ku*）。

一旦获得了临界比例增益，接下来的步骤是确定积分时间。在 Ziegler-Nichols 法中，使用临界比例增益来计算临界积分时间（*Tu*）。这个积分时间是系统在临界点上一个完整振荡周期的时间。通过观察系统振荡的周期，可以轻松得到这个时间。

根据临界比例增益和临界积分时间，Ziegler-Nichols 法提供了一组经验公式，通过这些公式可以确定比例控制器的增益（*Kp*）、积分时间（*Ti*）和派生时间（*Td*）。这些参数的选取可以通过实验验证，确保系统在闭环控制下稳定运行。

Ziegler-Nichols 法的优势在于其相对简单的实施步骤和对系统的迅速识别能力。但，也需要注意的是，该方法假设系统是单一且线性的，可能在某些非线性系统或复杂系统中表现不佳。此外，对于一些对控制性能要求较高的系统，可能需要进一步的优化和调整。

Ziegler-Nichols 法通过简单而直观的步骤，为机电设备的控制提供了一种有效的调节方法。通过合理选择比例增益和积分时间，可以实现系统的稳定性和响应速度的平衡，从而满足不同机电设备控制场景的需求。

Ziegler-Nichols 法是一种经典的 PID 控制器参数调整方法，常用于工业控制系统中。它基于系统的步跃响应，通过观察系统的临界增益和临界周期来确定 PID 控制器的参数。其基本原理如下：

临界增益法（Ultimate Gain Method）：首先将系统的控制器增益（K）逐步增大，直到系统的输出产生持续的振荡，此时的增益被称为临界增益（Ku），对应的系统输出振荡的周期被称为临界周期（Tu）。

根据临界增益和临界周期确定 PID 参数：根据经验规则 Ziegler-Nichols 法的不同类型（经典方法、调整法和自整定法），可以得到不同的参数设置。

如有一个控制系统，需要设计一个 PID 控制器来控制该系统的温度。我们首先通过实验或模拟得到该系统的步跃响应，然后使用 Ziegler-Nichols 法来确定 PID 控制器的参数（图 1-65）。其步骤如下：

1. 确定临界增益和临界周期：通过实验或模拟，增加控制器的增益直到系统开始产生持续的振荡，并记录下临界增益（Ku）和振荡周期（Tu）。

2. 根据经典 Ziegler-Nichols 方法确定 PID 参数：

P 控制器参数：$K_ p = 0.5 \ cdot K_ u$

PI 控制器参数：$K_ p = 0.45 \ cdot K_ u$，$T_ i = 0.85 \ cdot T_ u$

PID 控制器参数：$K_ p = 0.6 \ cdot K_ u$，$T_ i = 0.5 \ cdot T_ u$，$T_ d = 0.125 \ cdot T_ u$

将这些参数应用于 PID 控制器，并进行实时调整和测试，以确保系统的稳定性和性能。

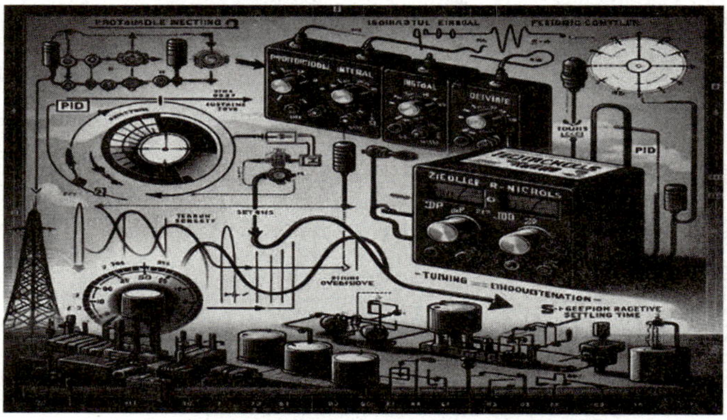

图 1-65 Ziegler-Nichols 法

（四）优化算法

优化算法是指在满足一定条件下，在众多方案中或者参数中取最优方案，或者参数值，以使得某个或者多个功能指标达到最优，或使得系统的某些性能指标达到最大值或者最小值。主要有遗传算法、进化算法、粒子群算法、模拟退火算法、神经网络等。在机电设备控制领域，优化算法作为一种高效的调节方法，具有广泛的应用。这些算法通过自动搜索参数空间，寻找最优的控制参数组合，以实现机电设备的高性能和稳定运行。

一种常见的优化算法是遗传算法（Genetic Algorithm，GA），是模拟达尔文的遗传选择和自然淘汰的生物进化过程的计算模型，是一种通过模拟自然进化过程搜索最优解的方法。该算法简单、通用，鲁棒性强，适于并行处理。遗传算法模拟生物进化过程，通过生成、选择、交叉和变异等操作，逐步演化出适应环境的解（图 1-66）。在机电设备控制中，遗传算法可以用于调整控制器的参数，优化系统的性能。通过不断迭代和演化，遗传算法能够在大规模参数空间中搜索最优解，适用于复杂系统和非线性系统的调节。

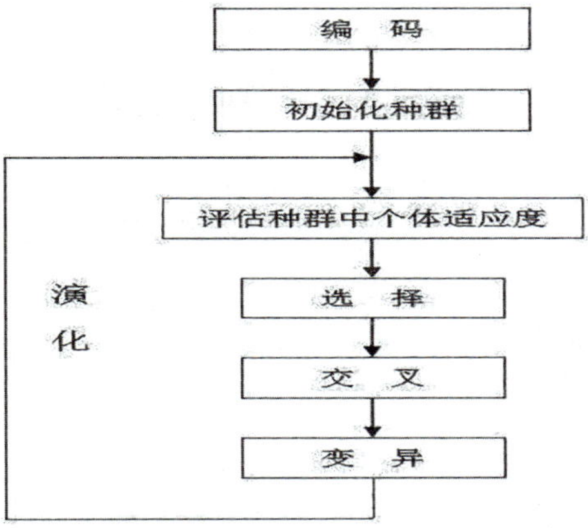

图 1-66　遗传算法流程图

另一种常用的优化算法是粒子群算法（Particle Swarm Optimization，PSO）。粒子群算法模拟鸟群或鱼群的群体行为，通过每个个体（粒子）在参数空间中搜索，以找到全局最优解（图 1-67）。在机电设备控制中，粒子群算法可以有效地搜索控制参数的组合，实现系统的最优控制。它具有简单易实现、不依赖梯度信息等优点，适用于多变量和高维度的问题。

模拟退火算法（Simulated Annealing，SA）也是一种常见的优化算法。模拟退火算法通过模拟金属冶炼中的退火过程，以概率的方式接受比当前解更差的解，从而避免陷入局部最优（图 1-68）。在机电设备控制中，模拟退火算法可以通过在参数空间中随机搜索，逐步减小搜索步长，最终找到最优解。它具有全局搜索能力和对噪声的鲁棒性，适用于复杂系统和存在多个局部最优解的问题。

这些优化算法在机电设备控制中的应用可以通过将系统性能定义为一个目标函数，并通过算法搜索参数空间来最小化或最大化这个目标函数。这样的自动化调节方法不仅提高了系统调节的效率，还可以在面对复杂、多变的机电设备控制问题时取得更好的性能。但是，需要注意的是，选择适当的优化算法和定义准确的目标函数是关键，以确保优化的结果能够满足实际应用的需求。

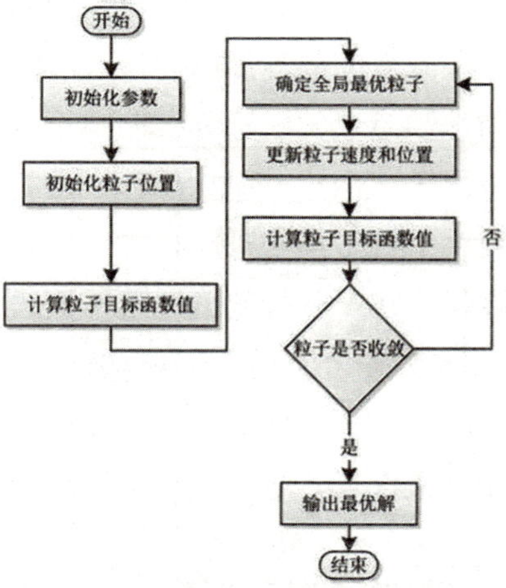

图 1-67 粒子群算法流程图

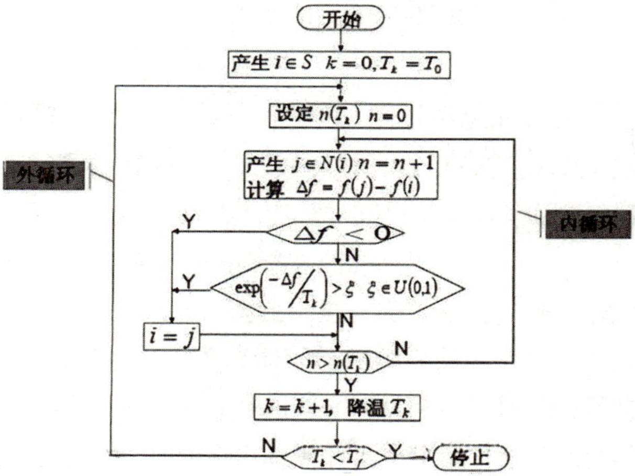

图 1-72 模拟退火算法流程图

（五）仿真和实验

仿真和实验是机电设备控制调节的关键步骤，它们提供了理论设计与实际应用之间的桥梁，为系统调优和性能验证提供了有力的手段。通过仿真，工程师能够在虚拟环境中模拟系统的行为，调节参数并观察系统的响应，从而有效地优化控制策略。仿真还能够在设计初期发现潜在的问题，降低实际实验的成本。

在仿真过程中，首先需要建立系统的数学模型，包括动力学方程、传递函数等。教学模型可以基于已有的理论知识，也可以通过实验数据拟合获得。接下来，工程师可以使用仿真软件，如 MATLAB/Simulink、LabVIEW 等，将模型转化为可运行的仿真程序。通过设定不同的初始条件和输入信号，工程师可以观察系统在不同情况下的响应，优化控制器参数，验证系统性能。

仿真不仅提供了对系统行为深入理解的机会，还能够模拟各种极端情况和异常状况，以评估系统的鲁棒性和稳定性，这为调节算法和控制策略的改进提供了宝贵的反馈。此外，仿真还可以用于对比不同算法或控制策略的性能，帮助工程师选择最适合特定应用的方案。

然而，仿真仍然是在理论框架内进行的，可能存在一定的理论假设和简化。为了更加准确地验证控制算法的有效性，实际实验是不可或缺的一环。实验可以在真实的物理系统上进行，通过对系统进行实际操作，收集实验数据，验证仿真结果的准确性，并进一步微调控制参数。

在进行实验时，首先需要搭建实际的机电设备系统，并安装传感器、执行器等硬件设备。然后将事先设计好的控制算法加载到系统中，通过实验平台对系统进行操控。实验过程中，工程师需要记录和分析实验数据，比较实验结果与仿真结果的一致性，并进行必要的调整。

通过仿真和实验的有机结合，工程师可以全面地评估控制算法的性能，发现潜在的问题，优化系统参数，提高系统的稳定性和鲁棒性。这两者相互补充，形成了一个闭环的调节过程，使机电设备的控制系统能够更好地适应各种工作环境和任务需求。在日益复杂和要求高性能的机电系统中，仿真和实验的有机结合将成为不可或缺的工程实践手段。

第二章 机电设备自动化控制技术

第一节 机电设备中的PID控制与经典控制

一、机电设备中的PID控制

（一）机电设备中的PID控制的定义

PID控制是一种广泛应用于机电设备中的自动控制方法，它通过对系统的反馈进行连续调整，以确保系统的输出能够稳定在期望的目标值附近。PID代表比例（Proportional）、积分（Integral）和微分（Derivative），这三个参数共同构成了PID控制器的基本框架（图2-1）。

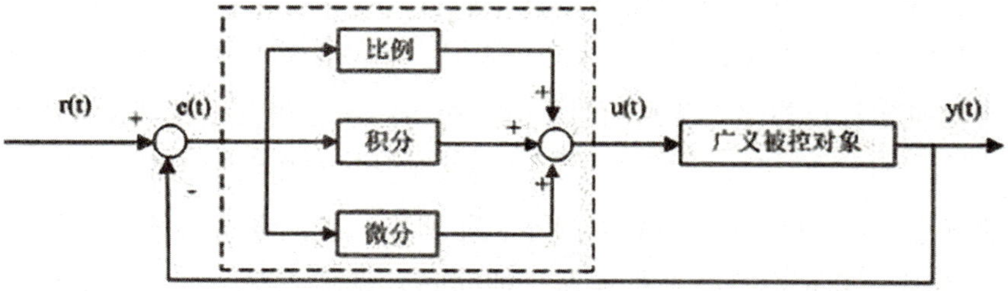

图2-1 PID控制原理图

比例项（P）通过测量当前系统输出值与期望目标值之间的差异，并乘以一个比例常数从而产生一个调整量。这个调整量与误差成正比，意味着系统输出偏离目标值越多，比例项的影响就越大，这有助于迅速减小误差，但可能会导致系统产生过冲和震荡。

积分项（I）考虑了系统误差随时间而累积。它通过将误差的积分加权，并乘以积分常数，产生一个调整量。积分项的引入有助于消除静态误差，确保系统在长时间内能够稳定在目标值附近。然而，积分项的过度增加可能导致系统响应过慢，甚至不稳定。

微分项（D）通过考虑系统误差的变化率以及乘以微分常数，产生一个调整量。微分项的作用是抑制系统的过冲和振荡，使系统更快地达到稳态。然而，过大的微分项可能导致对噪声和干扰的敏感性增加。

PID 控制器的总输出是上述三个项的线性组合。PID 控制在机电设备中的应用是通过精心调整这三个参数，以平衡系统的稳定性和响应速度，从而实现对系统输出的精确控制。PID 控制器的设计需要考虑系统的动态特性、稳定性要求和工作环境等因素，以确保系统能够在不同条件下稳定运行。

（二）机电设备中 PID 控制的优点

1. 稳定性

在机电设备中，PID 控制有其出色的稳定性。稳定性是一个控制系统的核心品质，直接关系到设备在不同工况下的可靠性和性能。PID 控制通过精确而灵活的调节，确保了系统在面对外界扰动和内部变化时能够迅速、有效地恢复到期望状态，从而保持系统的稳定性。

（1）PID 控制通过比例项（P）来实现对系统的快速响应

比例控制能够迅速减小偏差，即系统输出值与期望值之间的差异，使系统更快地趋向稳定状态。这种响应速度的提升保证了机电设备能够在瞬息万变的工作环境中保持稳定，避免因外部扰动而导致的性能下降。

（2）PID 控制的积分项（I）消除了系统的稳态误差

在长时间运行中，系统可能会受到各种影响而产生偏差。积分控制通过积累这些偏差并在控制过程中逐渐消除，确保系统在长时间运行后能够保持准确的输出。这种积分的作用使得机电设备在长时间运行中能够稳定工作，而不会因为稳态误差而影响性能。

（3）PID 控制通过微分项（D）来抑制系统的振荡

在一些情况下，系统可能会因为过度调整而产生振荡，影响稳定性。微分控制通过监测输出变化的速率，并在变化过快时进行调整，有效地抑制了系统的振荡。这种抑制振荡的机制使得机电设备能够在不同工况下保持平稳，不受过度振荡的干扰。

PID 控制在稳定性方面的卓越表现源于其三个组成部分的协同作用。比例项快速响应，积分项消除稳态误差，微分项抑制振荡，这三者共同构成了 PID 控制系统对于稳定性的全面优化。这种优越的稳定性不仅保障了机电设备在正常工况下的可靠运行，也使得它们能够更好地应对复杂多变的工作环境，为各种应用场景提供了强大的控制支持。在现代机电系统中，PID 控制的稳定性不仅仅是一种优点，更是推动各种自动化和智能化应用的关键要素。

2. 适用性广泛

机电设备中 PID 控制有其广泛的适用性。PID 控制器的设计理念使其能够灵活应对各类机电系统，从小型家用电器到大型工业生产线都能够提供高效、可靠的控制。这种广泛的适用性使得PID控制成为工程领域中的瑰宝，被广泛应用于众多领域。

（1）PID控制的适用性体现在其对于不同类型系统的灵活性

无论是温度控制、速度控制还是位置控制，PID控制都能够轻松胜任。通过调整PID控制器的参数，工程师可以根据具体的系统特性进行优化，从而实现对不同类型机电系统的高效控制。这种灵活性使得PID控制在面对不同需求的机电设备中能够游刃有余。

（2）PID控制的适用性还体现在其对于不同工况的适应能力

机电设备常常在各种工况下运行，而PID控制通过及时调整控制输出，确保系统在不同工作条件下能够保持稳定。无论是面对负载变化、环境温度波动还是其他外部扰动，PID控制都能够迅速适应，确保机电设备的可靠性和性能。

（3）PID控制的适用性表现在其对于不同工业应用的支持

从生产线到航空航天，从汽车制造到医疗设备，PID控制都在不同领域展现出卓越的适用性。其通用性使得工程师能够在各种应用场景中轻松应用PID控制，而不必重新设计复杂的控制系统，节省了时间和成本。

PID控制的适用性广泛得益于其设计的灵活性和通用性。这使得PID控制不仅在特定领域内脱颖而出，而且能够在跨领域的机电设备中都发挥其优势。其简便而高效的特性使得PID控制成为工程师们信赖的控制策略，为各种应用场景提供了可靠的控制基础。在未来，随着技术的不断进步，PID控制的适用性将继续得到拓展，为机电设备的控制带来更多可能性。

3. 简单实用

在机电设备中，PID控制有其简单实用性。PID控制器的设计理念注重简洁而有效的原则，使其成为一种易于理解、容易实现的控制策略。这种简单实用性使得PID控制在各类机电系统中得到广泛应用，成为工程师们钟爱的控制手段。

（1）PID控制的简单性体现在其基本的工作原理上

PID分别代表比例（P）、积分（I）和微分（D）三个控制项分别对应了系统的当前误差、过去误差的积累以及误差变化的速率。这种简单而直观的设计使得工程师们能够轻松理解PID控制的运作方式，无需深入复杂的数学和控制理论。

（2）PID控制的简单实用性体现在其参数调整的便捷性上

通过调整PID控制器的三个参数，即比例增益、积分时间和微分时间，工程师可以对控制系统进行灵活的调优。这种直观的参数调整方式使得PID控制在实际应用中更加容易实现，无需复杂的计算和算法设计。

（3）PID控制的简单实用性表现在其易于集成的特性上

许多工业设备和控制系统都可以轻松地集成PID控制，而不需要进行大规模的系统改造。这种便捷的集成性使得工程师们能够快速应用PID控制，提高系统的性能而无需过多的额外工作。

（4）PID 控制的简单实用性表现在于其适用于多种工业应用

无论是小型家用电器还是大型生产线，PID 控制都能够简便地应用于不同的机电系统。这种通用性使得 PID 控制成为一种广受欢迎的控制手段，为各种规模和类型的设备提供了简便而实用的控制解决方案。

PID 控制的简单实用性使得它成为机电设备控制领域的瑰宝。其简洁而直观的设计、便捷的参数调整、易于集成以及广泛的适用性，使得 PID 控制在工程实践中表现出色。在未来，随着技术的发展和对控制系统的不断需求，PID 控制的简单实用性将继续为机电设备提供可靠的控制支持。

4. 自适应性

机电设备中 PID 控制有其卓越的自适应性。自适应性是指 PID 控制系统具有适应不确定性和变化的能力，能够在系统参数变化、负载波动等情况下自动调整控制策略，确保系统保持稳定且性能最优。这种自适应性使得 PID 控制在实际应用中更为灵活和强大。

（1）PID 控制的自适应性体现在其比例项（P）的灵活调整上

比例项能够根据系统当前误差的大小实时调整控制输出，快速而敏捷地响应系统变化。这使得 PID 控制系统能够自动适应不同工作条件下的变化，保持对系统的有效控制，而无需人工干预。

（2）PID 控制的自适应性表现在其积分项（I）的能力上

积分项通过对误差的积累来消除系统的稳态误差，从而在长时间运行中自动适应系统状态。这种积分的自适应性使得 PID 控制能够在系统长时间运行后依然保持稳定，无需频繁的手动调整。

（3）PID 控制的自适应性体现在微分（D）项的应用中

微分项通过监测误差变化的速率来调整控制输出，防止系统产生过度振荡。这种自适应性能够在系统发生急剧变化时迅速作出反应，确保系统在变化中保持平稳。

（4）PID 控制通过不断地调整三个控制项的权重，以适应不同的系统动态特性

这种全面的自适应性使得 PID 控制系统能够在面对多变的工作环境和不确定性的系统参数时保持强大的性能，而无需手动干预。

PID 控制的自适应性使其在机电设备中脱颖而出。其灵活调整的比例项、积分项的稳态误差消除，微分项的振荡抑制以及全面的动态调整，使得 PID 控制系统能够适应各种不同的工作条件，确保系统在不确定性和变化中依然保持高效、稳定的控制。在现代机电系统中，PID 控制的自适应性为各类设备提供了强大的适应性和可靠性，推动了自动化技术的不断发展。

5. 实时性

机电设备中 PID 控制有其卓越的实时性。实时性是指 PID 控制系统能够在瞬息之间对

系统变化作出即时响应的能力，保证系统在动态环境下得到高效的控制。PID 控制通过比例、积分和微分三个控制项的协同作用，确保在面对快速变化的情况下实现迅速而准确的调整，从而保持系统的实时性和稳定性。

（1）PID 控制的比例项（P）在实时性方面发挥了关键作用

比例项根据当前误差的大小即时调整控制输出，使系统能够迅速响应外部扰动或变化。这种即时调整的机制使得 PID 控制系统能够在短时间内实现快速而准确的控制，确保系统始终保持在期望状态。

（2）PID 控制的积分项（I）也对实时性作出了贡献

积分项通过对误差的积累来消除系统的稳态误差，确保系统在长时间运行后依然保持实时的控制效果。这种积分的自适应性使得 PID 控制系统能够在系统动态变化的情况下仍然保持高效的实时性。

（3）PID 控制的微分项（D）对系统的实时响应起到了关键的作用

微分项通过监测误差变化的速率来调整控制输出，防止系统产生过度振荡。这种及时而精准的微分调整使得 PID 控制系统能够在系统动态性较强的情况下实现平稳的实时控制。

（4）PID 控制通过三个控制项的协同工作，实现了对系统动态特性的全面调整

这种全面的实时性保证了 PID 控制系统在面对复杂多变的工作环境时能够迅速、灵敏地作出反应，从而保持系统的稳定性和性能。

PID 控制在实时性方面的优越性使其成为机电设备控制的不可或缺的一部分。其比例、积分和微分三个控制项的协同作用，使得 PID 控制系统能够在瞬息万变的工作环境中实现高效、稳定的控制。在现代机电系统中，PID 控制的实时性为各类设备提供了强大的响应性和可靠性，使得设备能够在实时要求较高的应用中表现出色。

二、机电设备中的经典控制

（一）比例积分（PI）控制器

比例积分（PI）控制器（图 2-2）是机电设备的经典控制方法，它结合了比例和积分两个控制项，以实现对系统的稳定性和性能的精确调节。该控制器的设计基于系统的误差，即系统输出与期望目标值之间的差异，通过比例项和积分项的合理组合来产生控制输出，其最大优点就是控制及时、迅速。只要有偏差产生，控制器立即产生控制作用。

PI 控制器是 PID 控制器的一种简化形式，去除了微分项。其基本原理是通过比例和积分两个控制项来调整系统，以确保系统输出能够稳定在期望目标值附近。比例项通过将误差乘以比例常数，产生一个与误差成正比的调整量，这使得系统能够迅速对误差作出反应，但可能引起过冲和振荡。

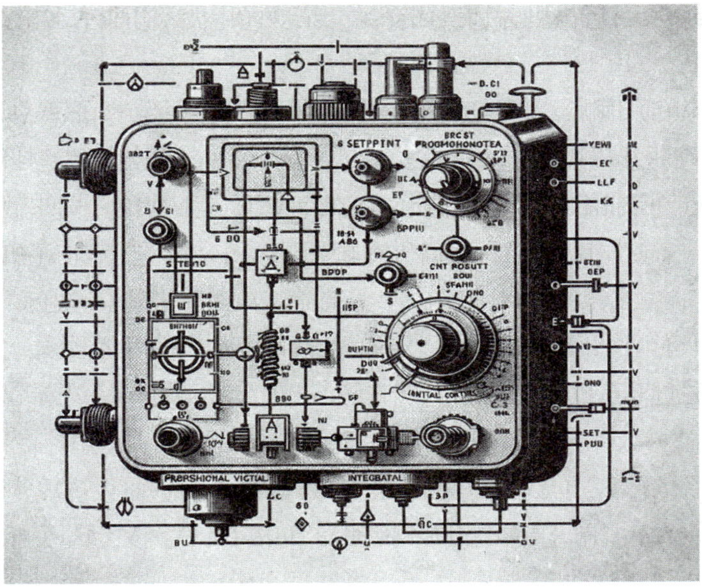

图 2-2　比例积分（PI）控制器

PI 控制器在机电设备中广泛应用于温度控制、速度控制、位置控制等方面。例如，对于一个温度控制系统，PI 控制器可以通过调整加热元件的功率，使系统温度快速达到设定值并在设定温度附近稳定。在电机的速度控制中，PI 控制器可以调整电机的输入电流，以实现期望的旋转速度。对于位置控制，PI 控制器可以调整执行器的位置，确保它在期望的位置上停稳。PI 控制器的优势在于它简单而有效，易于实现和调整。在实际应用中，工程师可以通过实验和分析来调整比例和积分项的参数，以满足系统的性能需求。

调整 PI 控制器的参数是关键的工程任务，它直接影响到系统的稳定性和性能。比例项的增加可以提高系统对误差的敏感性，但过大的比例项可能导致系统产生过冲和不稳定。积分项的增加有助于减小系统的稳态误差，但过大的积分项可能导致系统响应过慢。工程师通常通过试验和模拟来调整 PI 控制器的参数。使用系统的数学模型和实测数据，可以采用经典的调参方法，如 Ziegler-Nichols 方法，或者先进的优化算法，以获得最佳的参数组合。

PI 控制器的设计需要考虑系统的动态特性，包括系统的惯性、阻尼、时间常数等。不同的系统需要不同的 PI 参数来实现最佳性能。在设计过程中，工程师需要综合考虑系统的响应速度和稳定性，以确保 PI 控制器在各种工况下都能有效地工作。

PI 控制器在机电设备中的应用要求系统对外部变化和干扰具有鲁棒性。通过适当调整比例和积分项，可以增强系统对扰动的抵抗能力，确保系统在不同工作条件下都能保持稳定。工程师通常采用鲁棒性设计方法，以提高系统的稳定性和可靠性。

在一些实时控制应用中，PI 控制器的实时性能是关键考虑因素。采样时间的选择和控制器的计算速度直接影响系统对外部变化的响应速度。因此，工程师需要平衡实时性能和计算复杂性，以确保系统在实时控制任务中表现出色。

比例积分（PI）控制器在机电设备中的应用是多方面的，它通过合理调整比例和积分项，实现对系统的精确控制。其简单性、可调性和稳定性使得 PI 控制器成为许多机电系统中常用的经典控制方案。通过不断优化参数和结合先进的调参方法，工程师可以确保 PI 控制器在各种工作条件下都能够有效地应用，提高机电设备的性能和可靠性。

（二）比例微分（PD）控制器

比例微分（PD）控制器（图 2-3）是机电设备中常用的经典控制方法之一，它采用比例和微分两个控制项，通过调整系统以实现对输出的精确控制。PD 控制器的设计是基于系统的误差和误差变化率，通过比例项和微分项的合理组合来产生控制输出，其特点是配合动作迅速，具有超前调节功能，可有效地改善被控对象有较大时间滞后的控制品质。但是它不能消除误差，尤其是对于恒定偏差输入时，根本就没有控制作用。因此，不能单独使用微分控制规律。

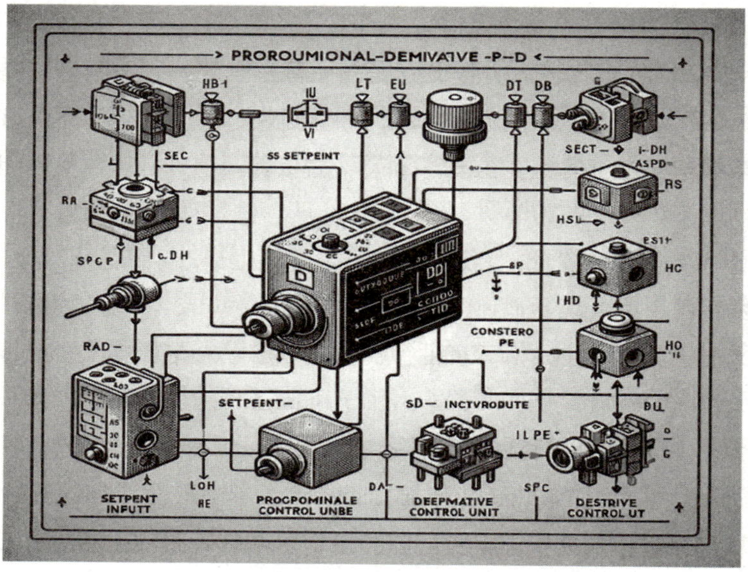

图 2-3　比例微分（PD）控制器

PD 控制器是 PID 控制器的一个变种，去除了积分项，其基本原理是通过比例和微分两个控制项来调整系统，以确保系统输出能够稳定在期望目标值附近。比例项通过将误差乘以比例常数，产生一个与误差成正比的调整量，使系统能够迅速对误差做出反应。微分项通过考虑误差的变化率以及乘以微分常数，产生一个调整量，用于抑制系统的过冲和振荡。PD 控制器在机电设备中广泛应用于速度控制、位置控制和振动抑制等方面。例如，在电机的速度控制中，PD 控制器可以通过调整输入电流，以实现期望的旋转速度，并抑制速度的波动。在位置控制中，PD 控制器可以调整执行器的位置，确保它在期望的位置上停稳。在振动抑制中，PD 控制器可以通过调整补偿力或阻尼来有效地减小系统的振动幅度。PD 控制器相较于 PID 控制器更简单，更容易实现和调节，因此在一些要求响应速度较快、且不需要消除静态误差的应用中更为常见。其快速的响应特性使得 PD 控制器在需要高动态性能的机电系统中表现出色。

PD 控制器的性能取决于比例和微分项的参数选择。调整这些参数是一个关键的工程任务，需要平衡系统的稳定性和性能。增加比例项可以提高系统对误差的敏感性，但过大的比例项可能导致系统不稳定。增加微分项有助于抑制系统的振荡，但过大的微分项可能引起噪音对系统的敏感性增加。工程师通常通过试验和模拟来调整 PD 控制器的参数。使用系统的数学模型和实测数据，可以采用经典的调参方法，如 Ziegler-Nichols 方法，或者先进的优化算法，以获得最佳的参数组合。

PD 控制器的设计需要考虑系统的动态特性，包括系统的惯性、阻尼、时间常数等。不同的系统需要不同的 PD 参数来实现最佳性能。在设计过程中，工程师需要综合考虑系统的响应速度和稳定性，以确保 PD 控制器在各种工况下都能有效地工作。

PD 控制器在机电设备中的应用要求系统对外部变化和干扰具有鲁棒性。通过适当调整比例和微分项，可以增强系统对扰动的抵抗能力，确保系统在不同工作条件下都能保持稳定。工程师通常采用鲁棒性设计方法，以提高系统的稳定性和可靠性。

在一些实时控制应用中，PD 控制器的实时性能是关键考虑因素。采样时间的选择和控制器的计算速度直接影响系统对外部变化的响应速度。因此，工程师需要平衡实时性能和计算复杂性，以确保系统在实时控制任务中表现出色。

比例微分（PD）控制器在机电设备中的应用是多方面的，它通过合理调整比例和微分项，实现对系统的精确控制。其简单性、可调性和稳定性使得 PD 控制器成为许多机电系统中常用的经典控制方案。通过不断优化参数和结合先进的调参方法，工程师可以确保 PD 控制器在各种工作条件下都能够有效地应用，提高机电设备的性能和可靠性。

（三）串级控制

串级控制系统采用两套检测变送器和两个调节器，前一个调节器的输出作为后一个调节器的设定，后一个调节器的输出送往调节阀。前一个调节器称为主调节器，它所检测和控制的变量称主变量（主被控参数），即工艺控制指标；后一个调节器称为副调节器，它所检测和控制的变量称副变量（副被控参数），是为了稳定主变量而引入的辅助变量。整个系统包括两个控制回路：主回路和副回路。主回路由主变量检测变送、主调节器、副调节器、调节阀、副过程和主过程构成；副回路由副变量检测变送、副调节器、调节阀和副过程构成。下图为串级控制方框图。

串级控制（图 2-5）是机电设备中常用的经典控制方法之一，它是一种层次化控制结构，通过将系统划分为两个或多个级联的控制环，以实现更为复杂的控制任务。该方法在提高系统性能、稳定性和鲁棒性方面具有显著优势。

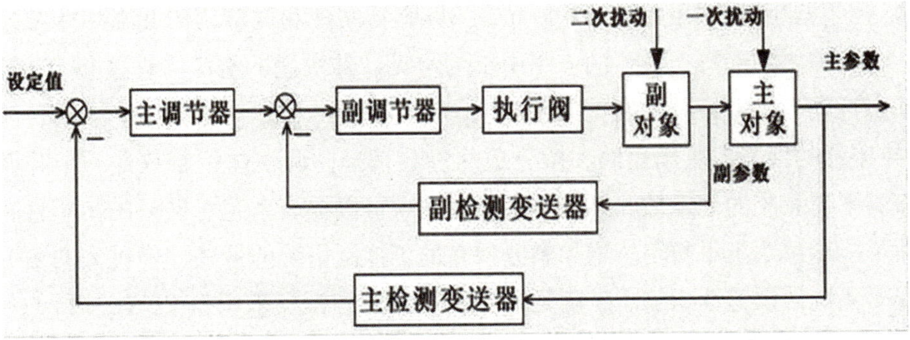

图 2-4　串级控制方框图

图 2-5　串级控制

串级控制通过将系统划分为两个或多个级联的控制环，每个控制环负责调整系统的一部分，以实现更为复杂的控制任务。一般来说，串级结构中包括主控制环和从控制环。主控制环负责处理系统的主要控制任务，而从控制环则用于处理主控制环未能解决的细节问题或局部干扰。

串级控制在机电设备中广泛应用于温度控制、速度控制、位置控制等方面。例如，在温度控制系统中，主控制环可以负责整体温度的稳定性，而从控制环可以专注于处理局部温度波动。在电机的速度控制中，主控制环可以控制整体速度的精度，而从控制环可以处理电机启动和停止时的瞬态响应。

串级控制的主要优势之一是能够有效地处理系统中的多个层次的控制问题。通过分层次地设计控制环，可以更好地应对系统的复杂性和不确定性，提高系统的性能和可靠性。

串级控制还能够简化控制系统的设计和调参，使得系统更易于维护和优化。

串级控制的设计需要综合考虑主控制环和从控制环之间的相互影响，以及各个控制环内部的动态特性。调参是一个复杂的任务，通常需要结合系统建模、实验和模拟等手段。工程师需要精心调整每个控制环的参数，以确保整个串级系统能够协同工作，达到期望的性能指标。串级控制结构可以提高系统的稳定性。主控制环负责处理系统的整体稳定性，而从控制环可以处理主控制环未能解决的局部干扰和扰动。这种分层次的结构有助于降低整个系统对外部变化的敏感性，提高系统的稳定性和鲁棒性。在一些对实时性能要求较高的应用中，串级控制结构可以通过合理设计主控制环和从控制环之间的信息传递和反馈机制，以确保系统在实时控制任务中表现出色。这要求控制系统的响应速度和通信效率都得到合理的平衡。

尽管串级控制具有许多优势，但其设计和调参也面临一些挑战。主要的挑战之一是控制环之间的相互耦合，这可能导致控制系统的不稳定性。为了应对这一挑战，工程师通常采用先进的控制方法、鲁棒性设计和系统辨识技术，以确保串级控制系统的稳定性。

串级控制作为机电设备中的一种经典控制方法，通过将控制任务分层次处理，提高了系统的性能、稳定性和鲁棒性。通过合理设计主控制环和从控制环之间的关系，工程师可以更好地应对机电设备中复杂的控制问题，实现对系统的有效管理。

（四）反馈控制

反馈控制是指将系统的输出信息返送到输入端，与输入信息进行比较，并利用二者的偏差进行控制的过程。“反馈控制”是信号沿前向通道（或称前向通路）和反馈通道进行闭路性漏判传递，从而形成一个闭合回路的控制方法。图 2-6 为反馈控制原理。

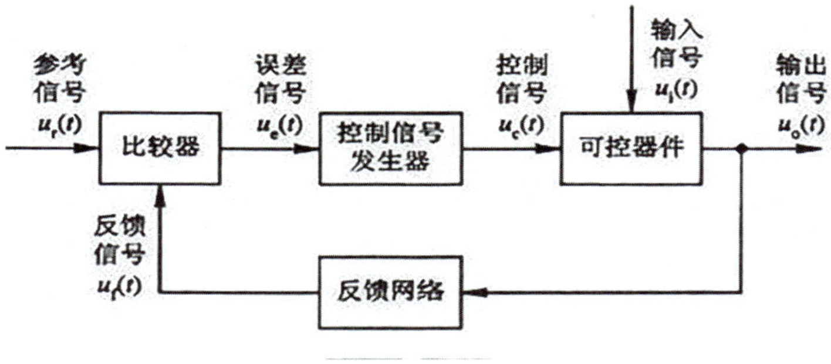

图 2-6 反馈控制原理图

反馈控制（图 2-7）是机电设备中广泛应用的一种经典控制方法，其基本原理是通过测量系统的输出并将这些信息反馈给控制系统，以调整输入信号，使系统的输出稳定在期望的目标值附近。这一控制方法在实现精确、稳定和鲁棒的系统控制方面具有卓越的效果。

反馈控制表基于系统输出与期望目标值之间的误差，通过测量系统输出并将这些信息

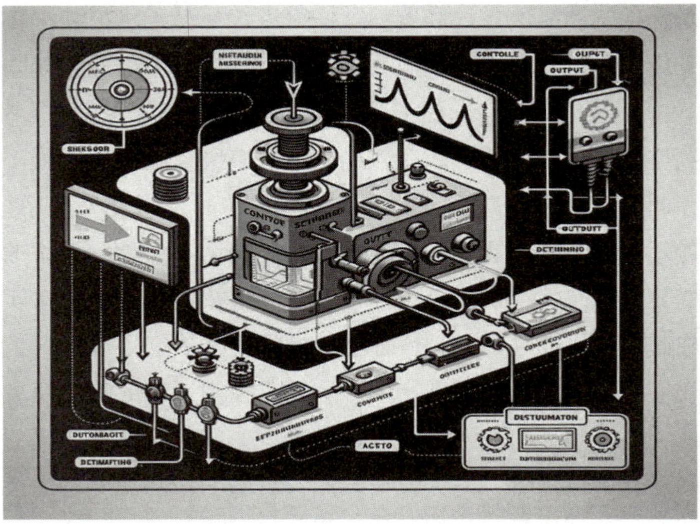

图 2–7　反馈控制

反馈给控制系统，调整输入信号，以实现对系统的精确控制。反馈环路通常包括传感器用于测量输出、控制器用于处理反馈信息、执行器用于调整系统输入。通过不断地监测和调整系统的状态，反馈控制可以迅速响应变化，保持系统在期望状态下运行。

反馈控制在机电设备中广泛应用于温度控制、速度控制、位置控制等方面。例如，在温度控制系统中，通过测量温度传感器的反馈信号，控制器可以调整加热或冷却元件的输入，以维持系统温度在设定值附近。在电机的速度控制中，通过测量速度传感器的反馈信号，控制器可以调整电机输入，以确保电机稳定运行在期望的速度。反馈控制在这些应用中发挥了关键作用，提高了系统的稳定性和精确性。

反馈控制具有许多优势，其中最显著的一点是系统对外部干扰和不确定性的鲁棒性。通过实时测量系统的输出，控制系统可以及时调整输入，以抵消外部干扰对系统的影响。此外，反馈控制能够自适应地应对系统动态变化，使得系统更加灵活、可靠，且不易受到环境变化的影响。

反馈控制在提高系统稳定性方面发挥了关键作用。通过监测系统的输出并及时调整输入，反馈控制可以防止系统发生不稳定的振荡和过冲。控制器的设计和参数调整是确保系统稳定运行的重要因素，通常通过分析系统的传递函数、极点分布等方法进行。

反馈控制在提高系统控制精度方面表现出色。通过不断测量系统输出并与期望值进行比较，控制系统可以调整输入信号，使系统输出尽可能地接近期望值。这种实时的纠偏机制使得反馈控制能够在动态环境中保持系统的高精度控制。

在一些对实时性能要求较高的应用中，反馈控制系统需要具备快速响应的特性。传感器的采样率、控制器的计算速度以及执行器的响应时间都是影响实时性能的关键因素。工程师需要精心设计反馈控制系统，以确保系统在实时控制任务中表现出色。

反馈控制作为机电设备中常用的经典控制方法，通过实时测量系统的输出并调整输入实现了对系统的精确、稳定和鲁棒的控制。在不同的应用场景中，反馈控制展现了出色的适应性和可靠性，为机电设备的高效运行提供了坚实的控制基础。

第二节 机电设备中的离散控制系统

一、离散控制系统概述

离散控制系统 DCS（distributed control system）是以微处理器及微型计算机为基础，融汇计算机技术、数据通信技术、CRT 屏幕显示技术和自动控制技术为一体的计算机控制系统，它对生产过程进行集中操作管理和分散控制。即分布于生产过程各部分的以微处理器为核心的过程控制站，分别对各部分工艺流程进行控制，又通过数据通信系统与中央控制室的各监控操作站联网。图 2-8 为离散控制系统。

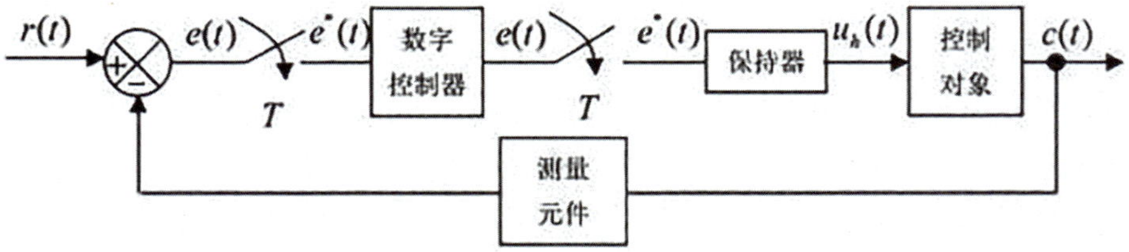

图 2-8 离散控制系统

离散控制系统（图 2-9）在机电设备领域中扮演着至关重要的角色，它通过对系统的数字化处理和离散化控制，实现了对机电设备的高效管理和精准控制。

离散控制系统是一种基于数字信号的控制系统，其核心思想是将连续的控制信号转化为离散的形式，通过采样和量化等技术对信号进行数字化处理。这种离散化的处理方式使得控制系统更易于分析、设计和实现。在机电设备领域中，离散控制系统通过数字化处理电气信号、传感器数据和执行器输出，实现了对机械运动、电气信号等各种过程的高效控制。

离散控制系统具有明显的特点，其中最显著的一点是系统的离散性。与连续控制系统不同，离散控制系统在时间和数值上都是以离散为基础的。这种特性使得系统更容易进行数字化模拟和分析，提高了系统的稳定性和可靠性。在机电设备方向，这一特点使得离散控制系统能够更准确地响应和控制各种复杂的运动和工作过程。

离散控制系统在机电设备领域的应用非常广泛。首先，它可以用于控制各类电机，包括直流电机、交流电机等，实现对机械装置的精确控制。其次，离散控制系统可以应用于传感器和测量设备，对采集到的数据进行数字化处理，提高了测量的准确性和稳定性。此外，离散控制系统还在自动化生产线、工业机器人等领域发挥着关键作用，提高了生产效

图 2-9　离散控制系统

率和产品质量。

与连续控制系统相比，离散控制系统在一些特定应用场景中具有明显的优势。首先，离散控制系统更容易进行数字化仿真和模拟，减少了在实际系统中的试错成本。其次，离散控制系统对于非线性系统和时变系统的控制更为灵活，能够更好地适应复杂的工作环境。

离散控制系统在机电设备领域的应用为现代工业带来了巨大的便利和提升。通过数字化处理和离散控制，机电设备的运行变得更加稳定、精准和高效，为工业生产的发展奠定了坚实的基础。离散控制系统的不断创新和应用将继续推动机电设备领域的发展，为工业智能化和自动化提供更为强大的支持。

二、机电设备中的离散控制系统的应用

（一）采样与保持

在机电设备中，离散控制系统的关键环节之一是采样与保持。这一过程涉及对连续信号进行周期性采样，并在采样时刻保持采样值，以便后续数字化处理和控制操作。采样与保持的有效实施对于确保系统稳定性、准确性以及对快速变化的外部环境做出及时响应至关重要。

采样是指在连续时间内以一定的时间间隔对信号进行取样的过程。在机电设备中，通常使用模拟-数字转换器（ADC）来实现信号的离散采样。采样频率的选择直接影响到系统对信号变化的敏感度，因此，在设计离散控制系统时，需要根据具体应用场景和被控对

象的特性来确定适当的采样频率。过低的采样频率可能导致信号失真和信息丢失，而过高的采样频率则会增加系统的计算负担，降低系统的实时性。

采样后的信号需要在一段时间内保持其数值，这就是采样与保持电路的作用。保持电路通过电容器等元件，将采样时刻的信号值保持在一定时间内，以确保在下一次采样之前能够稳定地获取并传递该数值。这个过程是为了防止在采样间隔内信号数值发生变化而导致的失真。在机电设备中，保持电路的设计需要考虑信号的稳定性和传递的实时性，以满足系统对于精确控制的需求。

采样与保持在机电设备中的应用涵盖了多个方面。首先，在电机控制中，采样与保持用于获取电流、电压等参数的实时数据，以实现对电机运行状态的监测和调节。其次，在传感器应用中，通过对传感器输出信号进行采样与保持，可以获得准确的环境信息，用于控制系统对外部条件的响应。此外，在自动化系统中，采样与保持也广泛应用于工业过程监测和控制中，确保系统对于生产环境变化的快速适应。

采样与保持是机电设备离散控制系统中不可或缺的环节，它直接关系到系统对于外部环境的感知和对控制信号的准确处理。通过合理的采样频率和有效的保持电路设计，机电设备中的离散控制系统能够更好地实现对于复杂工作环境和运动过程的精确控制，推动了机电设备领域的科技发展和工业智能化的进程。

（二）离散时间模型

在机电设备中，离散控制系统的设计和分析通常采用离散时间模型，这是一种在离散时间点上描述系统动态行为的数学模型。离散时间模型是离散控制理论的基石，通过离散化时间域，将连续的系统状态和输入抽象为在离散时刻上的状态变量和控制输入，从而使得对于系统的建模、分析和控制变得更为方便和有效。

离散时间模型的基本框架包括状态方程、输出方程和控制方程。状态方程描述了系统在离散时间点上的状态变化规律，通常以差分方程的形式表示。输出方程则定义了系统在每个离散时间点上的输出与状态之间的关系，而控制方程则规定了控制输入对系统的影响。这三个方程共同构成了离散时间模型的核心，为系统分析和控制提供了数学工具。

离散时间模型的建立需要考虑系统的采样时间。采样时间是指在离散时间模型中，两个相邻的采样时刻之间的时间间隔。采样时间的选择直接关系到模型对系统动态响应的描述精度，因此需要根据系统的特性和性能要求来进行合理的选择。较小的采样时间能够更准确地反映系统的瞬态响应，但也增加了计算和控制的复杂性。

离散时间模型在机电设备中的应用主要体现在系统的动态分析和控制设计上。通过建立离散时间模型，可以分析系统的稳定性、可控性和可观性等性能指标，为系统设计提供理论依据。在控制器设计中，离散时间模型也为采用离散控制算法提供了基础，例如经典的离散 PID 控制器。这种模型不仅适用于机电控制系统，还广泛应用于传感器网络、自动化生产线等机电设备领域。

离散时间模型的应用还涉及到系统的仿真和实时控制。通过离散时间模型进行仿真可以在计算机上模拟系统的行为，从而在设计阶段预测系统性能、调优控制器参数。在实际控制中，离散时间模型为控制器的实施提供了指导，使得控制算法在实时环境中更为稳定和可靠。

离散时间模型在机电设备中的应用为系统设计、分析和控制提供了理论基础和实际工具。通过对系统进行离散化的描述，离散时间模型使得机电设备在不同的时间点上能够更为精确地被捕捉和控制，为工程师提供了强大的工具，推动了机电设备领域的技术创新和自动化水平的提升。

（三）数字控制器

数字控制器（Digital Controller）属于电子控制器的一类，是计算机控制系统的核心部分，一般与系统中反馈部分的元件、设备相连；系统中的其他部分可能是数字的也可能是模拟的。数字控制器通常是利用计算机软件编程，完成特定的控制算法。图 2-10 为数字控制器。

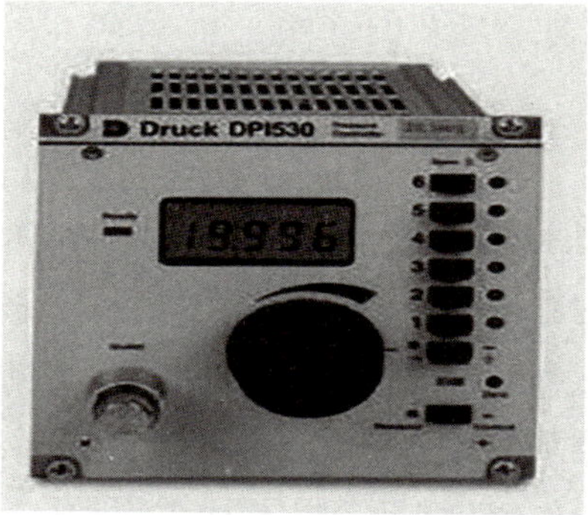

图 2-10　数字控制器

在机电设备中，数字控制器是离散控制系统的核心组成部分，扮演着将数字信号转化为控制动作的关键角色。数字控制器通过对离散时间模型的建模和离散化的处理，实现对机电设备的精确控制，提高了系统的稳定性、可靠性和灵活性。

数字控制器是离散控制系统的智能核心，其主要功能包括采样、运算和控制输出。通过采样模块，数字控制器能够按照预定的采样时间间隔获取系统的状态信息，将连续的输入信号转换为离散的数字信号。在运算模块中，数字控制器通过内部算法对采样得到的数据进行处理，执行各种控制算法，计算出控制输出。最后，通过控制输出模块，数字控制器将计算得到的控制信号转化为实际的控制动作，影响机电设备的运行状态。

数字控制器的算法设计直接影响到系统的性能。在机电设备中，常见的数字控制算法包括 PID 控制、模型预测控制（MPC）、状态空间控制等。PID 控制是一种经典的反馈控制算法，通过比例、积分和微分三个部分对系统进行调节，适用于许多机电设备的控制场景；模型预测控制是通过对系统模型的预测来调整控制输入，适用于对系统动态响应要求较高的场景；状态空间控制是基于对系统状态的直接测量，具有更为精准的控制效果。

数字控制器在机电设备中的应用范围广泛，包括电机控制、传感器信号处理、自动化生产线等方面。在电机控制中，数字控制器能够实现对电机速度、位置等参数的精确控制，提高了电机的运行效率和性能。在传感器信号处理中，数字控制器通过对传感器输出信号的处理，提高了系统对环境变化的感知和响应能力。在自动化生产线中，数字控制器通过对各个执行元件的控制，实现了生产过程的自动化和智能化。

数字控制器还具有灵活性和可编程性的特点。通过对数字控制器的编程，工程师可以根据具体的控制需求进行定制化设计，适应不同机电设备的特性和工作环境。这种可编程性使得数字控制器更为适应不断变化的工业需求和技术创新。

数字控制器作为机电设备中离散控制系统的核心组成部分，通过智能化的算法和可编程性的特点，实现了对机电设备的高效控制。数字控制器的不断创新和应用推动了机电设备领域的技术发展，为工业自动化和智能化提供了强大的支持。在未来，随着数字技术的不断演进，数字控制器将继续发挥关键作用，推动机电设备领域的创新和进步。

（四）离散时间系统分析

离散时间系统分析是机电设备中离散控制系统设计和优化的关键环节，通过对系统的动态行为、稳定性以及性能指标的研究，工程师能够更深入地理解系统的工作原理，并优化控制算法以满足特定的控制需求。离散时间系统分析涉及到差分方程、离散时间传递函数、稳定性判据等多个方面，对于实现精准控制和提高系统可靠性至关重要。

离散时间系统的分析通常从建立系统的差分方程入手。通过将连续时间系统转化为离散时间模型，可以得到差分方程描述系统状态随时间的变化。这一步骤对于理解系统的动态行为和特性至关重要，为后续的分析和控制设计提供了基础。差分方程的建立考虑到系统的输入、输出和状态之间的关系，是离散时间系统分析的出发点。

离散时间系统分析涉及到离散时间传递函数的计算和应用。离散时间传递函数是系统输入和输出之间的转换函数，通过它可以更直观地了解系统的频域特性。对于离散时间系统的频域分析，离散时间传递函数为工程师提供了一个有效的工具，帮助他们理解系统在频域上的响应和性能。

在稳定性分析方面，离散时间系统通常采用 Z 变换来进行稳定性判据的推导。通过 Z 变换，可以将差分方程转化为 Z 域的表示，进而通过分析 Z 域内的极点位置来判断系统的稳定性。稳定性分析是离散时间系统分析的一个关键环节，它确保系统在各种工况下都能够保持稳定的运行状态，避免不稳定性引起的系统振荡或崩溃。离散时间系统的响应分析也是分析过程中的一个重要部分。通过对系统的脉冲响应、阶跃响应等进行分析，可以得到系统在不同输入条件下的动态响应特性。这对于调整控制器参数、优化系统性能和满足控制要求至关重要。

离散时间系统分析在机电设备中应用广泛，尤其在电机控制、传感器信号处理和自动化生产线等方面是通过对系统进行深入的分析，工程师能够更好地理解系统的行为，并根据实际需求进行调整和优化。这不仅有助于提高系统的控制性能，还能够减少系统的能耗、提高稳定性，从而推动机电设备的智能化和自动化水平的提升。

离散时间系统分析在机电设备中扮演着不可替代的角色，为系统设计和控制算法的优化提供了理论支持。通过深入研究差分方程、离散时间传递函数、稳定性判据等方面，工程师能够更加全面地认识离散时间系统的特性，为机电设备的设计和控制带来更大的灵活性和可靠性。

（五）数字滤波

滤波是将信号中特定波段频率滤除的操作。数字滤波，是通过一种算法排除可能的随机干扰，提高检测精度的一种手段。在机电设备中，数字滤波是离散控制系统中的关键技术之一，其主要作用是通过对信号进行数字化滤波处理，去除噪声和干扰，从而提高系统对于输入信号的准确感知和精确控制能力。数字滤波技术在机电设备领域的广泛应用，不仅有助于提升系统性能，还在传感器信号处理、电机控制等方面发挥着重要作用。图 2-11 为数字滤波图例。

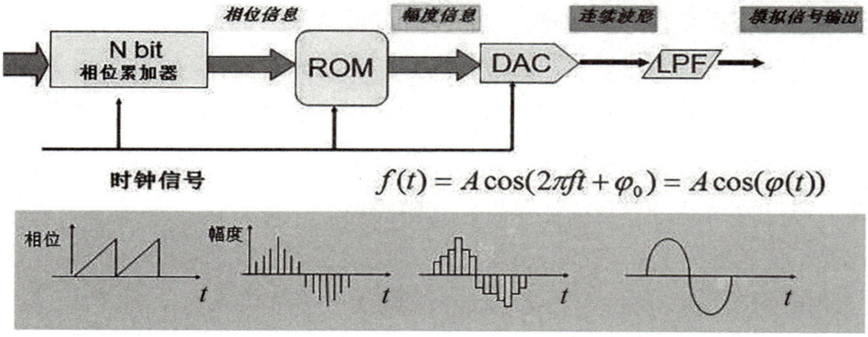

图 2-11　数字滤波

数字滤波的基本原理是在数字域中对信号进行频率选择性的处理，以滤除不需要的频率分量。滤波器通常分为低通、高通、带通和带阻四种类型，通过选择不同类型的滤波器，可以实现对信号频率的灵活控制。在机电设备中，数字滤波常用于去除传感器信号中的高频噪声，提高信号的可靠性和稳定性。

数字滤波技术对于传感器信号处理至关重要。在机电设备中，传感器负责采集各种环境和系统参数的信息，但由于传感器本身的特性以及外部干扰，其输出信号可能包含噪声和干扰成分。通过数字滤波，可以有效滤除这些不必要的信号成分，使得传感器输出更加精确和可靠，为后续的控制系统提供更为准确的输入。

在电机控制方面，数字滤波技术也发挥着重要的作用。电机系统中常常伴随着各种噪声和干扰，这些干扰可能来自电源波动、电机震动等多方面因素。采用数字滤波器对电机控制系统的反馈信号进行处理，能够有效地减小噪声对系统性能的影响，提高电机控制的精确度和稳定性。

数字滤波技术还可以在通信系统中发挥关键作用。在机电设备的数据传输和通信过程中，信号可能受到各种噪声和干扰的影响，降低了通信的可靠性。通过应用数字滤波技术，可以有效滤除这些噪声，提高数据传输的准确性和稳定性，保障机电设备之间的信息交流。

数字滤波技术在机电设备中是一项不可或缺的关键技术，通过对信号进行有效地处理，提高了系统的抗干扰能力和控制性能。在传感器信号处理、电机控制、通信系统等方面，数字滤波技术为机电设备的智能化和自动化提供了坚实的技术支持。未来随着数字技术的不断发展，数字滤波技术将继续演进和创新，为机电设备领域的技术提升和应用拓展提供更多可能性。

（六）采样保持器设计

采样保持器是计算机系统模拟量输入通道中的一种模拟量存储装置。它是连接采样器和模数转换器的中间环节。采样器是一种开关电路或装置，它在固定时间点上取出被处理信号的值。图 2-12 为微型计算机数据采集系统。

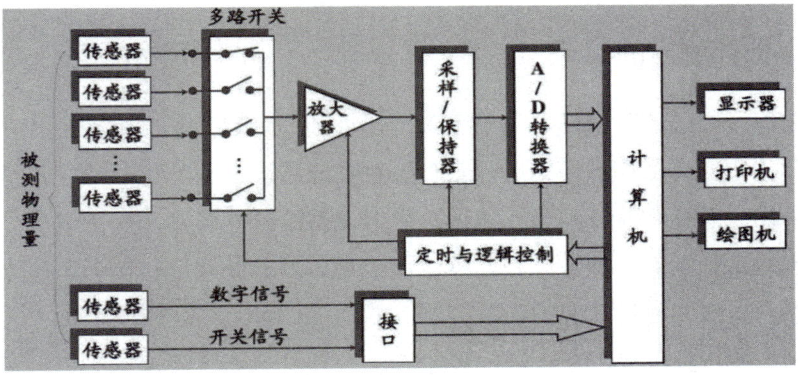

图 2-12　微型计算机数据采集系统

在机电设备中，采样保持器的设计是离散控制系统中至关重要的一环，其主要任务是在离散时间点上对连续信号进行采样，并在采样时刻保持采样值，以便后续数字化处理和控制操作。采样保持器的设计直接影响到系统对输入信号的准确感知和控制精度，因此需要考虑采样频率、保持时间等参数的选择，以满足系统的性能要求。

采样保持器的设计需要考虑采样频率。采样频率是指在单位时间内对信号进行采样的次数，直接影响到系统对信号变化的敏感度。合理选择采样频率既要保证对系统动态过程的准确捕捉，又要避免过高的采样频率增加系统计算和存储的负担。在电机控制、传感器信号处理等应用中，根据被控对象的特性和系统性能要求，设计合适的采样频率是保证系统稳定性和精度的关键。

采样保持器的保持时间也是设计中需要仔细考虑的参数。保持时间是指在采样时刻将信号值保持在采样保持器中的时间间隔，保持时间的选择直接关系到对信号值的有效保留。较短的保持时间可能导致信号失真，而较长的保持时间则会延迟系统对信号变化的响应。在机电设备中，根据系统的动态响应和控制要求，设计合适的保持时间是确保系统对输入信号准确感知和及时响应的关键。

采样保持器的设计还需要考虑信号的抗噪声能力。在实际应用中，信号往往会受到各种噪声和干扰，采样保持器的设计需要考虑如何最大限度地提高系统对于噪声的抵抗能力。通过选择合适的滤波算法或者增加滤波器，可以有效地去除噪声成分，提高系统的可靠性和稳定性。

采样保持器设计还需要考虑实际的技术细节，例如使用什么类型的采样保持电路，选择何种触发方式以及如何实现保持时间的精确控制等。这些细节决定了采样保持器在实际工作中的性能表现，需要综合考虑系统的实际需求和硬件条件。

采样保持器的设计是机电设备离散控制系统中不可忽视的关键环节。通过合理选择采样频率、保持时间以及考虑信号的抗噪声能力，设计出高性能的采样保持器，有助于提高系统的稳定性、精确性和抗干扰能力，从而推动机电设备领域的技术进步和自动化水平的提升。

（七）离散控制器的设计

离散控制器可以调节有限的几种确定状态，它可完成启动、离散位调或数据输入功能。在机电设备中，离散控制器的设计是实现对系统精确控制的核心环节。离散控制器通过对系统的采样、运算和控制输出，实现对机电设备的高效管理和精准调节。其设计需要充分考虑系统的动态响应、稳定性和鲁棒性等因素，以确保系统在不同工况下能够保持稳定的运行状态，实现对目标状态的准确控制。图 2-13 为离散系统结构图。

离散控制器的设计需要考虑合适的控制算法。常见的离散控制算法包括 PID 控制、模型预测控制（MPC）、状态空间控制等。

离散控制器的设计需要充分考虑系统的采样时间。采样时间是指在离散时间模型中两个相邻的采样时刻之间的时间间隔。采样时间的选择直接关系到控制系统对于输入信号的感知和响应速度。较小的采样时间能够更准确地反映系统的瞬态响应，但也增加了系统计算和存储的负担。因此，在离散控制器的设计中需要平衡采样时间的选择，以满足系统性能和实时性的要求。

离散控制器的设计还需要考虑控制器参数的调整和优化。通过对控制器参数的调整，

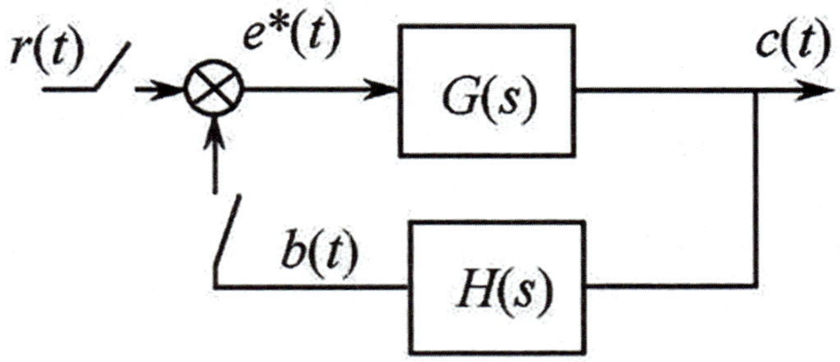

图 2-13　离散系统结构图

可以改变系统的响应特性，使其更好地适应不同的工况和控制需求。优化控制器参数需要结合系统的数学模型和实际工程经验，通过仿真和实验等手段进行验证和调整，以实现系统的最佳控制效果。

在实际应用中，离散控制器的设计还需要考虑硬件实现的细节，如数字信号处理器（DSP）的选择、采样保持器的设计等。这些硬件细节决定了离散控制器在实际工作中的性能表现，需要综合考虑系统的实际需求和工程条件。

离散控制器的设计是机电设备中离散控制系统的关键环节。通过选择合适的控制算法、采样时间并进行参数调整优化，设计出高性能的离散控制器，有助于提高系统的稳定性、精确性和适应性，推动机电设备领域的技术创新和自动化水平的提升。

（八）实时系统与采样时间

在机电设备中，实时系统与采样时间的关系至关重要，直接影响着系统的响应速度、性能稳定性以及控制精度。实时系统要求在特定的时间约束内完成任务响应，而采样时间则是离散控制系统中一个关键的参数，决定了系统对输入信号的采样频率和控制周期。在设计和应用机电设备中的离散控制系统时，充分理解实时系统与采样时间之间的相互关系，是确保系统工作稳定、高效运行的关键。

采样时间直接影响实时系统对于外部环境变化的感知和响应速度。较小的采样时间可以提高系统对输入信号的采样频率，使系统更加及时地捕捉外部环境的变化，实现更快速的控制响应。在需要对系统动态变化快速调节的场景，如电机控制和传感器信号处理等，选择适当小的采样时间是确保实时性的重要手段。

采样时间与实时系统的稳定性密切相关。较小的采样时间会导致系统的计算负担增加，可能引起系统资源的过度消耗，从而影响系统的稳定性。因此，在实际应用中，需要综合考虑系统的计算性能、控制算法的复杂度和采样时间的选择，以确保系统在高性能要求下保持稳定运行。

实时系统与采样时间之间的关系还涉及到对延迟的处理。采样时间本身会引入控制系统的延迟，而实时系统要求对于外部事件的响应具有极低的延迟。因此，需要在采样时间的选择和系统架构设计中寻找平衡，以保证系统能够满足实时性的需求，同时降低延迟对系统性能的负面影响。

在工程实践中，为了更好地应对实时性的要求，采用了硬实时和软实时两种系统设计策略。硬实时系统要求在规定的时间内完成任务，对于系统的稳定性和响应速度有更为严格的要求。而软实时系统则允许在一定程度上放宽时间限制，对于实时性的要求相对较弱。选择合适的实时系统设计策略取决于具体的应用场景和性能需求。

实时系统与采样时间的关系在机电设备的离散控制系统设计中具有重要意义。通过合理选择采样时间，平衡实时性和稳定性的需求，可以确保机电设备在不同工况下能够稳定、高效地运行。这种综合考虑实时性和采样时间的设计方法，有助于提高机电设备的自动化水平和控制精度，推动离散控制系统在工业应用中的进一步发展。

第三节　机电设备中的模糊逻辑控制

一、模糊逻辑控制概述

模糊逻辑控制（Fuzzy Logic Control）是以模糊集合论、模糊语言变量和模糊逻辑控制推理为基础的一种计算机数字控制技术。模糊逻辑控制是以模糊集合论、模糊语言及模糊逻辑控制为基础的控制，是一种非线性智能控制。模糊逻辑控制一般用于无法以严密的数学表达式表示的控制对象模型，即可利用人的经验和知识来控制。下图 2-14 为模糊逻辑控制原理图。

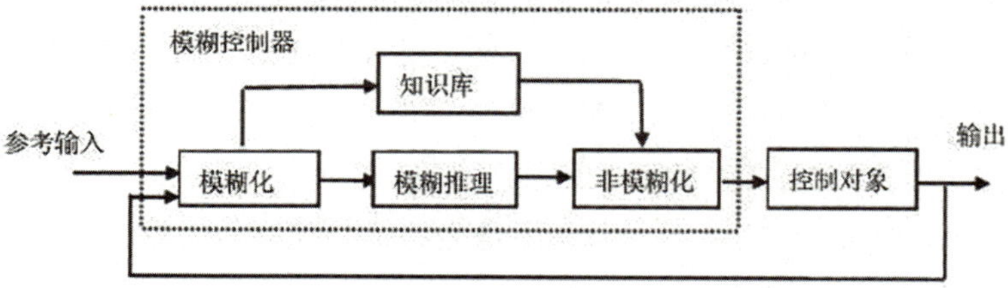

图 2-14　模糊逻辑控制原理图

在机电设备中，模糊逻辑控制是一种基于模糊逻辑理论的先进控制方法，旨在处理那些难以用精确的数学模型描述的系统。相对于传统的精确逻辑控制方法，模糊逻辑控制更能应对复杂、不确定性和非线性的机电系统。其核心思想是引入模糊集合和模糊规则，通过模糊推理来实现对系统的智能化控制。模糊逻辑控制的基础是模糊集合理论。在传统逻辑控制中，输入和输出通常被精确地定义在某个集合中，而模糊逻辑引入了模糊集合，允许元素具有一定的隶属度，即属于某个集合的程度。这种处理方式更符合实际问题中对于模糊、不确定性的描述，使得模糊逻辑控制更适应于机电系统中存在的各种不确定性因素。图 2-15 为模糊逻辑控制系统框图。

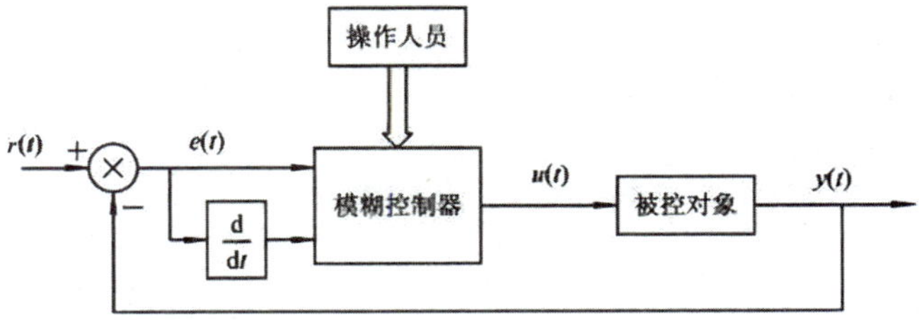

图 2-15　模糊逻辑控制系统框图

模糊逻辑控制采用模糊规则来建模。传统逻辑控制使用精确的规则，而模糊逻辑控制中的规则可以是模糊的，表达了输入与输出之间的模糊关系。这种模糊规则的设计更贴近实际问题的特性，能够更好地处理系统动态变化和非线性关系，提高了控制系统的鲁棒性。

在机电设备中，模糊逻辑控制的应用非常广泛。例如，在电机控制中，由于电机系统存在非线性和时变性，采用模糊逻辑控制能够更好地适应系统的复杂性，提高了电机控制的性能。在传感器信号处理中，模糊逻辑控制可以有效地处理传感器输出的噪声和不确定性，提高了系统对环境变化的适应能力。此外，在自动化生产线、飞行器控制等领域，模糊逻辑控制也得到了广泛的应用。

模糊逻辑控制的优势在于其对模糊性和不确定性的良好处理能力。在机电设备中，系统的工作状态、环境变化和外部干扰常常具有模糊性和不确定性，传统的精确控制方法难以处理这些复杂情况。模糊逻辑控制通过引入模糊集合和模糊规则，允许系统输出具有一定的模糊性，更好地适应了实际工程应用的需求。

模糊逻辑控制作为一种处理模糊性和不确定性的先进控制方法，在机电设备领域取得了显著的成果。通过模糊逻辑控制，机电系统能够更好地适应复杂、非线性和时变的特性，提高了系统的鲁棒性和稳定性，为机电设备的智能化和自动化水平的提升提供了有效的技术手段。

二、机电设备中模糊逻辑控制的应用

（一）模糊逻辑基本原理及应用

模糊逻辑是模仿人类思考问题的方式，将研究对象以 0 与 1 之间的数值来表示其概念模糊程度，并交由计算机来处理。在机电设备中，模糊逻辑控制作为一种灵活应对不确定性和模糊性的先进控制方法，其基本原理源自模糊集合理论和模糊逻辑规则的建立。模糊逻辑控制的核心思想是模糊推理，通过模糊集合对系统的输入和输出进行模糊建模，以更好地处理复杂、非线性和时变的机电系统。模糊逻辑控制的基本原理涵盖模糊集合的定义、模糊逻辑规则的建立和模糊推理的实现。图 2-16 为典型模糊控制系统流程图。

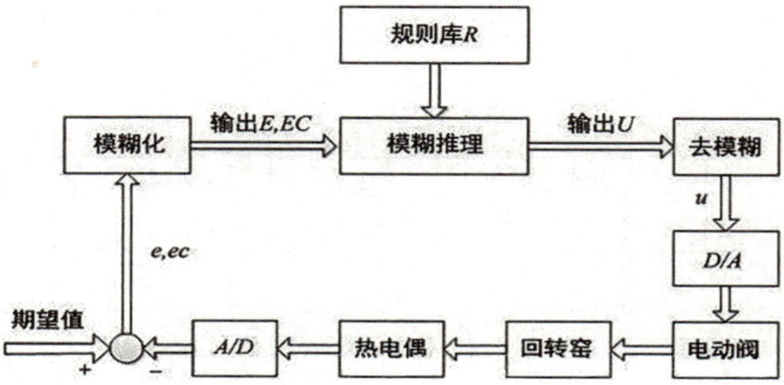

图 2-16　典型模糊控制系统流程图

模糊逻辑基本原理的核心在于模糊集合的引入。与传统的集合理论不同，模糊集合允许元素具有一定的隶属度，即一个元素可以同时属于多个集合，而且具体属于某个集合的程度是以模糊的方式表达的。在机电设备中，模糊集合可以用来描述系统输入和输出的模糊性，如温度、速度等参数，使得控制系统更能适应实际环境的不确定性。

模糊逻辑基本原理包括模糊逻辑规则的建立。模糊逻辑规则是基于经验和专家知识建立的一组模糊条件与模糊结论的关系。这些规则通过对系统的输入和输出进行观测和分析而得到，可以体现系统的运行特性和控制需求。例如，一个模糊逻辑规则可以是“如果温度较高且湿度较低，那么降低风扇转速”。这样的规则通过语言方式表达了模糊的控制策略，更贴近实际应用场景的特征。

模糊逻辑基本原理涉及模糊推理的实现。模糊推理通过对输入变量进行模糊化，应用事先定义好的模糊逻辑规则，然后通过模糊推理引擎进行推理，得到模糊输出，最终将模糊输出转化为具体的控制动作。这一过程中，采用了模糊集合的交、并、非等运算，以及模糊推理的方法，实现了对复杂系统的智能控制。

在机电设备中，模糊逻辑控制的基本原理应用广泛。例如，在温度控制系统中，通过模糊逻辑控制可以更精准地调节加热器的功率，适应环境温度的变化。在电机控制中，模糊逻辑控制可以应对电机系统的非线性和时变性，提高系统的稳定性和响应速度。此外，模糊逻辑控制还被广泛应用于自动驾驶汽车、空调系统、机器人控制等领域，取得了显著的应用效果。

机电设备中的模糊逻辑控制基本原理通过引入模糊集合和模糊逻辑规则，实现了对复杂系统的智能化控制。这种灵活处理模糊性和不确定性的方法，为机电设备的自动化和智能化提供了有效的技术手段，促使控制系统更好地适应实际工程应用的需求。

（二）隶属函数与模糊集合

隶属函数是用于表征模糊集合的数学工具，表示元素属于某模糊集合的“真实程度”。

在机电设备中的模糊逻辑控制中，隶属函数与模糊集合是核心概念，它们构成了模糊逻辑控制的基础。隶属函数描述了输入或输出变量对于模糊集合的隶属度，而模糊集合则是对实际问题中模糊性或不确定性的建模方式。这两者的相互作用使得模糊逻辑控制更能灵活地处理机电系统中的复杂问题。

隶属函数是模糊逻辑控制中至关重要的组成部分。隶属函数用于度量一个元素对于某个模糊集合的隶属度，即它在模糊集合中的程度。在模糊逻辑控制中，输入和输出变量通常被映射到模糊集合上，而隶属函数就描述了这个映射关系。例如，在温度控制系统中，温度可以通过隶属函数映射到“低温”“中温”“高温”等模糊集合上，隶属函数则表示了当前温度属于这些集合的程度。

模糊集合是对模糊性或不确定性的一种抽象描述。与传统的集合理论不同，模糊集合允许元素以一定的隶属度属于集合，而不是严格地属于或不属于。这种模糊集合的特性更符合实际问题中对于模糊性和不确定性的描述。在机电设备中，例如对于电机的转速控制，可以使用模糊集合来描述“慢速”“中速”“快速”等状态，使得控制系统更灵活地适应不同的运行状况。

在机电设备中的模糊逻辑控制中，隶属函数与模糊集合的选择和设计直接关系到控制系统的性能。合理选择隶属函数的形状和参数以及模糊集合的数量和范围，能够更好地适应机电系统的特性。通常来说，隶属函数可以采用三角形、梯形、高斯等形状，而模糊集合的划分需要根据实际问题的要求进行调整。

在控制系统的设计中，隶属函数与模糊集合也直接影响到模糊逻辑规则的制定。模糊逻辑规则是描述输入与输出之间关系的一组规则，而这些规则的制定需要基于隶属函数和模糊集合的定义。通过专家知识和实验数据，制定合理的规则，使得模糊逻辑控制系统能够更准确地响应输入变化，提高系统的控制性能。

隶属函数与模糊集合在机电设备中的模糊逻辑控制中扮演着关键的角色。通过合理选择和设计隶属函数和模糊集合，模糊逻辑控制系统能够更好地适应机电系统的复杂性和不确定性，为实现智能、灵活地控制提供了重要的理论基础。在未来的发展中，随着模糊逻辑理论的不断深化和机电系统的不断创新，模糊逻辑控制将继续在机电设备领域发挥重要作用。

（三）模糊规则的建立

模糊规则，本质是定义在 $X \times Y$ 的二元模糊关系 R。模糊规则的形式为：if x is A then y is B，其中 A 和 B 为由论域 X 和 Y 上的模糊集合定义的语言值，“x is A”称为前提，“y is B”称为结论，其模糊规则可以简写为 $A \rightarrow B$。在机电设备中的模糊逻辑控制中，模糊规则的建立是决定系统行为的关键环节。这一过程涉及从专家知识或实验数据中提炼出的经验性规则，以及模糊逻辑推理的基础。模糊规则的建立是模糊逻辑控制系统实现智能、灵活控制的基础，对于机电设备中复杂、非线性的系统具有重要意义。

模糊规则的建立通常基于专家经验和领域知识。专家通过对机电系统的分析和实际操作经验提炼出一系列的模糊规则，这些规则描述了输入变量和输出变量之间的模糊关系。例如，在电机控制中，一个模糊规则可以是“如果转速偏低且负载重，增加电机电流”，这样的规则体现了专家对电机系统特性和控制策略的认识。

模糊规则的建立也可以借助于实验数据和系统建模。通过对机电设备进行实验，收集相关的输入输出数据，可以通过数据分析和建模方法得到模糊规则。这种方式更加基于数据的模糊控制方法，能够更准确地反映机电系统的实际运行特性。实验数据的采集和分析通常涉及对系统的参数辨识、传感器数据处理等方面的工作，以获得准确的模糊规则。

在模糊规则的建立中，关键的一步是选择适当的模糊逻辑运算符，如“与”“或”“非”等，以表达不同规则之间的逻辑关系。这些运算符的选择影响着模糊逻辑系统对于复杂性和非线性的建模能力。合理的运算符选择有助于更好地捕捉机电系统的复杂关系，提高控制系统的性能。

模糊规则的建立也需要考虑模糊集合的划分和隶属函数的设计。模糊集合的划分直接关系到规则的数量和范围，而隶属函数的设计影响到输入输出变量对于模糊集合的隶属度计算。通过合理的划分和设计，可以使得模糊规则更具有可解释性和适应性，提高控制系统的鲁棒性和性能。

在机电设备中，模糊规则的建立常常是一个工程师或团队在系统设计和调试阶段进行的重要工作。通过不断的实验验证和系统调整，逐步完善模糊规则，使得控制系统能够更好地适应不同的工作环境和任务需求。

机电设备中模糊逻辑控制的模糊规则的建立是一个既基于专家知识又借助实验数据和系统建模的过程。合理建立的模糊规则是模糊逻辑控制系统能够准确响应复杂环境和实现智能控制的关键因素。在未来的发展中，随着机电系统的不断演进和模糊逻辑理论的深入研究，模糊规则的建立方法将更加精细和智能化，为机电设备的控制性能提供更大的潜力。

（四）模糊推理

模糊推理是以模糊集合论为基础的描述工具，对以一般集合论为基础的描述工具的数理逻辑进行扩展，从而建立了模糊推理理论，是不确定推理的一种。例如，人们根据条件语句（假言）“若西红柿是红的，则西红柿是熟的”和前提（直言）“西红柿非常红”，立即可得出结论“西红柿非常熟”的推理。

在机电设备中的模糊逻辑控制中，模糊推理是实现智能化控制的关键步骤。模糊推理通过对模糊规则和输入数据的处理，得到模糊输出并将其转化为具体的控制动作。这一过程涉及模糊集合的运算、规则的匹配和输出的解模糊等步骤，使得模糊逻辑控制系统能够灵活、智能地适应机电系统的复杂性和不确定性。

模糊推理涉及模糊集合的运算。在输入数据通过隶属函数映射为隶属度后，模糊推理对这些隶属度进行模糊集合的运算，包括“交”“并”非等操作。这些运算形成了模糊逻辑系统中模糊规则之间的逻辑关系，使得不同规则的综合考虑能够更好地反映系统的实际运行状态。

模糊推理需要进行规则的匹配。输入数据的隶属度与模糊规则中定义的条件进行匹配，找到与当前输入最匹配的规则。这一步骤需要考虑到模糊规则中的逻辑运算和条件的权重，以确保匹配结果能够全面、准确地反映系统的状态。

模糊推理将匹配的规则的结论进行合并。对于多个匹配的规则，模糊推理需要将它们的结论通过逻辑运算进行合并，得到一个综合的模糊输出。这个模糊输出反映了系统的整体状态，是在考虑了多个规则的基础上综合得到的。

在模糊推理的过程中，需要考虑到规则的权重。不同规则在系统中的重要性可能不同，因此，为了更合理地反映系统的实际运行状况，规则的权重需要进行适当的设定。这一步骤通常依赖于专家知识和实验数据，通过对系统的深入分析和调试，确定各规则的相对重要性。

模糊输出需要进行解模糊，即将模糊输出映射到具体的控制动作或输出值上。解模糊的过程涉及确定模糊输出的中心值、模糊集合的重心等，以得到一个清晰、具体的输出结果。这一步骤是模糊逻辑控制系统最终实现对机电设备的控制的关键。

在机电设备中，模糊推理广泛应用于各种控制场景，如电机控制、温度控制、速度调节等。通过模糊推理，系统能够更好地适应非线性、时变的机电系统，提高了系统的模糊推理，是机电设备中模糊逻辑控制实现智能化控制的关键步骤。通过对模糊规则和输入数据的处理，使得控制系统能够更加灵活地适应机电系统的复杂性和不确定性，为提高机电设备的自动化水平和控制性能提供了有效的技术手段。

（五）模糊控制器的设计

模糊控制器是具有自适应功能的控制系统，可以根据系统的运行状态获取过程状态的连续信息。通过在线辨识和修正过程的模糊模型，从中获得所需要的模糊控制规则，实现在线模糊控制规则的自学习，自动调整模糊控制器的参数，以便适应环境条件或过程参数的变化以及由于人的经验获得模糊控制规则。

在机电设备中，模糊逻辑控制的关键组成部分之一是模糊控制器，其设计是确保系统稳定性、性能优越以及适应性强的关键环节。模糊控制器通过融合模糊规则和模糊推理机制，实现对机电系统的智能化调控。在设计模糊控制器时，需要考虑模糊规则的合理性、隶属函数的选择、模糊集合的划分以及输出解模糊等方面，以使得控制系统能够在不确定、复杂的环境中表现出色。图 2-17 为模糊控制器结构图，由模糊化接口、知识库、推理与解模糊接口等组成，达到控制的目的。

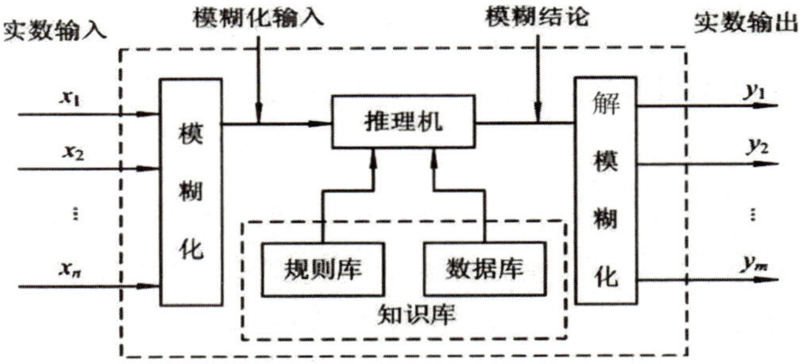

图 2-17　模糊控制器结构图

模糊控制器的设计涉及到模糊规则的建立。通过结合专家经验和实验数据，建立一套合理的模糊规则，以描述输入变量与输出变量之间的模糊关系。这需要对机电系统的特性有深刻的理解，以确保模糊规则能够准确地反映系统的动态性和非线性特征。例如，在电机控制中，可以制定规则如“如果电机转速较低且负载大，增加电机电流”，以实现对电机运行状态的智能控制。

隶属函数的选择和隶属度的设定是模糊控制器设计中的关键一环。隶属函数的形状和参数直接影响到模糊规则的模糊化程度，进而影响模糊推理的结果。通过合理选择三角形、梯形、高斯等形状的隶属函数，并适当调整隶属度的设定，可以使得模糊控制器更好地适应机电系统的实际工作情况，提高系统的鲁棒性。

模糊集合的划分也是模糊控制器设计中的关键考虑因素。模糊集合的划分需要根据输入变量的范围和系统的工作条件来设定，以确保模糊规则的全覆盖性和合理性。在电机控制中，对于转速可以划分为“慢速”“中速”“快速”等模糊集合，对于负载可以划分为“轻载”“中载”“重载”等模糊集合，以满足控制系统对于不同工作状态的需求。

模糊控制器的设计还需要考虑输出解模糊的问题。通过选择解模糊方法，将模糊输出映射为具体的控制动作或输出值。解模糊的方法包括最大隶属度法、平均值法等，不同的解模糊方法会影响到模糊控制器的性能和稳定性。在模糊控制器的设计中，还需要注意规则的简化和优化。过多和复杂的规则可能会导致计算负担增加，影响系统的实时性。因此，对于一些不太重要的规则，可以考虑简化或者舍弃，以提高系统的运算效率。

在实际应用中，模糊控制器的设计是一个工程师不断调试和优化的过程。通过对系统的深入分析、试验数据的实时反馈以及不断优化模糊规则，设计一个性能卓越的模糊控制器，使得机电设备能够在复杂多变的环境中稳定运行，具备更强的适应性。

机电设备中的模糊控制器设计是一个综合考虑模糊规则、隶属函数、模糊集合划分和解模糊等多方面因素的复杂工程。通过精心设计和优化，模糊控制器能够使机电系统在不确定性和非线性环境中取得更为出色的控制性能，推动机电设备向智能化和自适应的方向发展。

（六）模糊逻辑控制在速度和位置控制中的应用

在机电设备的速度和位置控制中，模糊逻辑控制展现了强大的应用潜力。速度和位置是机电系统中两个关键的控制参数，而模糊逻辑控制通过其灵活的模糊规则、智能的推理机制以及适应性强的特点，在这两个方面的控制中取得了显著的成果。

模糊逻辑控制在速度控制中的应用展现了其对非线性和时变性系统的出色适应性。在传统的速度控制中，系统常常面临电机非线性、负载变化等问题，而模糊逻辑控制通过模糊规则的建立，能够更好地应对这些复杂性。通过设计合理的模糊规则，系统能够智能地调整电机的输入，使得速度控制更为稳定、精准。例如，当系统检测到速度偏低且负载增加时，模糊规则可以指导系统提高电机的输出，以更好地满足实际工作要求。

模糊逻辑控制在位置控制中的应用同样表现出色，尤其在面对机械臂、运动平台等需要高精度位置控制的场景。传统的位置控制方法通常要求严格的数学模型和精确的控制参数，而模糊逻辑控制通过引入模糊规则，能够更好地适应系统的复杂性和外部干扰。通过监测系统的位置误差和运动状态，模糊逻辑控制能够智能地调整控制策略，实现对机械系统的高精度位置控制。例如，当系统检测到位置误差较大时，模糊规则可以引导系统采取更快速的控制响应，提高系统的位置精度。

模糊逻辑控制在速度和位置控制中的应用还体现在其对系统鲁棒性和适应性的优势。机电系统常常受到外部干扰、负载变化和工作环境不确定性的影响，而模糊逻辑控制通过模糊规则的设计，能够更好地适应这些不确定因素。模糊逻辑控制系统能够实时地调整控制策略，使得机电系统在面对复杂、动态的工作环境时能够保持稳定性和可靠性。这一特点使得模糊逻辑控制在工业自动化、机器人控制等领域得到广泛应用。

在实际案例中，例如在机械臂的位置控制中，模糊逻辑控制可以根据目标位置和当前位置误差，智能地调整关节角度，实现对终端执行器的准确控制。在电机的速度调节中，模糊逻辑控制可以根据负载的变化和速度偏差，智能地调整电机的输入电流，确保系统在不同工作状态下都能够保持稳定运行。

模糊逻辑控制在机电设备的速度和位置控制中展现了其独特的优势。通过灵活的模糊规则和智能的推理机制，模糊逻辑控制系统能够更好地适应机电系统的复杂性和不确定性，提高系统的控制性能和稳定性。在未来，随着模糊逻辑理论的不断发展和机电系统的创新，模糊逻辑控制在速度和位置控制领域将继续发挥重要作用，推动机电设备向着智能化、自适应的方向迈进。

（七）模糊逻辑控制与深度学习的结合

在机电设备领域，模糊逻辑控制与深度学习的结合展现了强大的潜力，为系统控制提供了更加智能、灵活的解决方案。深度学习作为人工智能的前沿技术，通过大量数据的学习和模型优化，能够提取系统的高级特征和复杂关系，而与之结合的模糊逻辑控制则在不确定性和非线性环境中具备更好的鲁棒性和可解释性。

模糊逻辑控制与深度学习的结合可以弥补彼此的不足。深度学习在处理大规模数据和复杂模式识别方面表现出色，但其在解释性和可控性上存在一定挑战，尤其是在复杂工业系统中。模糊逻辑控制则具备良好的可解释性，专家规则能够清晰地描述系统的控制逻辑。将深度学习的强大学习能力与模糊逻辑的可解释性相结合，能够更好地适应机电设备的实际应用需求，实现更高水平的智能控制。

模糊逻辑控制与深度学习结合的一个关键点在于模型的融合与优化。深度学习可以通过学习大量数据来构建复杂的模型，而模糊逻辑控制则通过专家规则来表达系统知识。这两者可以相互融合，深度学习可以用于优化模糊逻辑控制中的模糊规则、隶属函数的设计，从而提高系统的自适应性和性能。反过来，模糊逻辑控制也可以用于解释深度学习模型的决策过程，增强深度学习模型的可解释性。

模糊逻辑控制与深度学习的结合在处理非确定性问题上具备优势。机电设备系统通常受到各种外部干扰和变化，而模糊逻辑控制能够较好地处理这些不确定性，提高系统的鲁棒性。通过将深度学习应用于模糊逻辑控制系统中，可以更准确地预测和适应不确定环境下的系统状态变化，使得机电设备能够更可靠地运行。

深度学习在特征学习和模式识别方面的优势可以用于提取机电系统复杂动态的抽象表示，为模糊逻辑控制系统提供更丰富的输入信息。通过深度学习提取的高级特征，模糊逻辑控制系统能够更精准地进行模糊规则的匹配和推理，从而提高整个系统的性能。

在实际应用中，例如在机器人控制领域，深度学习可以用于视觉感知、环境识别等任务，而模糊逻辑控制可以根据深度学习提供的信息制定灵活的控制策略，使得机器人能够更智能地完成任务。在工业自动化中，深度学习可以用于预测设备故障和优化生产过程，而模糊逻辑控制则可以实时调整控制参数，保障系统的稳定性和安全性。

模糊逻辑控制与深度学习的结合为机电设备的控制系统带来了全新的发展机遇。通过充分发挥两者的优势，能够实现更为智能、灵活、可靠的控制，推动机电设备朝着智能化、自适应化的方向不断发展。随着深度学习和模糊逻辑理论的不断深化，这一结合将在未来更广泛地应用于机电设备的控制与优化领域。

第四节　机电设备中的线性控制系统设计

一、线性控制系统概述

系统是指确定的物理系统，例如飞机的自动驾驶系统、锅炉的水位调节系统等，它们都是完成预定的任务，由一些物理部件组合起来的一个集合体。控制系统就是使用控制手段所实现的物理系统。按照对系统的输入、输出关系，一个系统可以分为线性系统或非线性系统。如果一个系统的输入、输出满足叠加原理，该系统称为线性系统，否则为非线性系统。

在机电设备领域，线性控制系统（图 2-18）是一种常用且重要的控制方式，通过对系统进行建模和分析，应用线性控制理论可以实现对机电设备的高效稳定控制。在这个概述中，我们将从机电角度对线性控制系统进行论述，涵盖线性系统的基本概念、建模方法、控制器设计以及在机电设备中的应用。

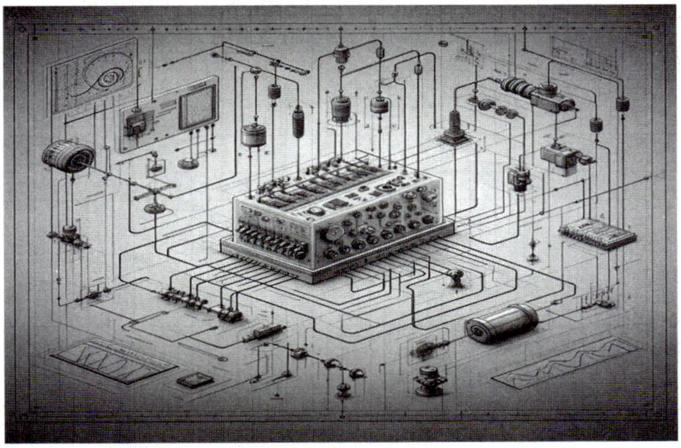

图 2-18 线性控制系统

线性控制系统的基本概念是理解线性系统的出发点。线性系统是指其动态行为符合线性方程的系统，其中输入和输出之间的关系是线性的。在机电设备中，这通常涉及电机、传感器、执行器等组件的动态行为。线性系统的特点使得它们的数学描述相对简单，易于分析和控制。

在建模方面，机电设备的线性系统通常通过差分方程、微分方程或传递函数进行描述。例如，在电机控制中，可以使用差分方程描述电机的状态变化，或者使用传递函数表示输入电压和输出速度之间的关系。建模是线性控制系统设计的基础，准确的模型有助于设计出更为有效的控制器。

线性控制系统的控制器设计是关键环节之一。在机电设备中，控制器的任务是根据系统的反馈信息调整输入，以使系统的输出达到期望值。经典的线性控制器包括比例-积分-微分（PID）控制器，它通过调节比例、积分和微分参数来实现对系统的稳定性和响应速度的平衡。PID 控制器在机电设备中广泛应用，例如在温度控制、电机速度控制等场景中发挥重要作用。

在机电设备中，线性控制系统的应用非常广泛。例如，在电梯控制中，线性控制系统可以确保电梯在运行过程中平稳、准确地停靠在指定楼层。在风力发电机组中，线性控制系统可以实现对风机叶片的角度调节，以最大程度地捕获风能。在机器人控制中，线性控制系统可以实现对关节角度和末端执行器位置的精确控制。

线性控制系统在机电设备中的鲁棒性和稳定性也是其优势之一。通过精心设计和调整控制器参数，线性控制系统可以在面对外部扰动和参数变化时保持系统的稳定性。这对于机电设备在不同工作条件下的可靠运行至关重要。

在实际应用中，线性控制系统往往需要结合实时反馈信息进行调整。传感器在机电设备中的应用为控制系统提供了实时的系统状态反馈，使得控制系统能够根据实际情况进行动态调整，提高系统的性能和适应性。

机电设备中的线性控制系统是实现稳定、精确控制的重要手段。通过合理建模、控制器设计和实时反馈，线性控制系统能够在机电设备的各种应用场景中发挥关键作用，推动机电设备的自动化、智能化水平不断提升。

二、机电设备中线性控制系统的设计方法

（一）系统建模与传递函数分析

在机电设备中，线性控制系统设计的第一步是系统建模与传递函数分析。系统建模是理解和描述机电设备动态行为的过程，而传递函数则是一种数学工具，用于表达系统输入与输出之间的关系。这一过程对于后续控制器设计和性能分析至关重要。

系统建模是线性控制系统设计的基础。在机电设备中，系统建模旨在找到系统的动态方程，以描述系统各组件之间的相互作用和响应。对于电机、传感器、执行器等组件，可以利用物理定律、电路分析等方法建立其数学模型。例如，在电机控制中，可以使用差分方程描述电机的状态变化，考虑电机电感、电阻等因素，从而得到电机系统的动态方程。

传递函数分析是系统建模的一种重要方式。传递函数是一个描述系统输入和输出关系的函数，它是系统的频域表示。通过对系统进行频域分析，可以更清晰地了解系统的频率响应和稳定性。传递函数的形式通常为输出与输入的比值，其分母表示系统的特征方程，分子表示系统的零极点分布。在机电设备中，传递函数分析有助于理解系统的动态特性，为后续控制器设计提供重要信息。例如，在电机控制中，分析一个简单的直流电机系统，通过对电机进行建模，得到其状态方程，然后进行拉普拉斯变换得到传递函数。

传递函数分析还有助于进行系统的频域设计，例如选择合适的控制器参数以满足性能指标。在机电设备中，频域设计通常涉及到系统的稳定性、抑制振荡、提高响应速度等方面的考虑。通过分析传递函数的极点和零点，可以调整控制器参数，使系统满足设计要求。

传递函数分析还为系统故障诊断和性能优化提供了工具。通过观察传递函数的频域特性，可以检测系统中的异常，如共振现象、频率衰减等，这对于机电设备的健康监测和维

护具有重要意义。

系统建模与传递函数分析是机电设备中线性控制系统设计的关键步骤。通过深入理解系统的动态特性，获得准确的数学模型和传递函数，为后续的控制器设计、频域分析和性能优化提供了坚实的基础。这一过程不仅为系统控制提供了理论支持，也为实际应用中的问题解决提供了指导。

（二）稳定性分析

在机电设备中，线性控制系统设计的稳定性分析是确保系统可靠运行的关键步骤。稳定性是指系统在受到扰动或变化的情况下能够保持平衡，不发生不受控制的振荡或失稳行为。稳定性分析旨在评估系统的稳定性边界，并确保系统在各种工作条件下都能稳定工作。

稳定性分析通常从系统的传递函数出发。传递函数是描述系统输入与输出关系的数学模型，其中的极点位置直接影响系统的稳定性。通过分析传递函数的极点位置，可以判断系统的稳定性。在机电设备中，常用的稳定性分析方法包括判据、Nyquist 图和 Bode 图等。

稳定性分析还涉及到系统的阻尼比、自然频率等参数的评估。在机电设备中，这些参数直接影响系统的动态响应和振荡特性。通过调整控制器参数或者采用特定的控制策略，可以影响系统的阻尼比和自然频率，以达到所需的稳定性能。

在实际应用中，Nyquist 图和 Bode 图是常用的工具，它们能够清晰地展示系统的频域响应和稳定性信息。Nyquist 图通过绘制系统的频率响应曲线，可以直观地判断系统的相位和幅值特性，从而评估系统的稳定性。Bode 图则通过绘制系统的增益和相位随频率变化的曲线，提供了对系统稳定性的更为详细的分析。

在机电设备的实际应用中，稳定性分析是确保系统可靠性和性能的基础。例如，在电机速度控制中，稳定性分析可以帮助确定控制器参数，确保电机速度在设定值附近稳定工作，避免速度波动或振荡。在飞行器的姿态控制中，稳定性分析可以确保飞行器在各种飞行条件下都能保持平衡，避免失稳带来的安全隐患。

稳定性分析在机电设备中的线性控制系统设计中占据着重要地位。通过深入分析系统的传递函数、极点位置、阻尼比和自然频率等参数，可以全面评估系统的稳定性，并采取相应的控制策略以确保系统在不同工况下都能稳定可靠地运行。这一过程为机电设备的性能提升和智能化发展提供了坚实的基础。

（三）线性控制器类型选择

在机电设备中，线性控制系统的设计是至关重要的，而在设计过程中，选择合适的控制器类型则是决定系统性能和稳定性的关键因素之一。不同的控制器类型具有各自独特的特点和适用场景，因此在选择时需要综合考虑系统的要求、性能指标以及实际应用环境。

常见的线性控制器类型包括比例—积分—微分（PID）控制器、状态空间控制器和频域控制器。PID 控制器是一种经典的控制器类型，具有简单、稳定、易于实现的特点。其通过比例、积分和微分三个部分的组合来实现对系统的控制，适用于许多工业应用场景。然而，在一些复杂的系统中，PID 控制器可能无法满足性能要求，因此需要考虑其他类型的控制器。

状态空间控制器是一种基于系统状态方程的控制方法，能够更好地处理多变量系统和非线性系统。通过对系统状态进行全面的分析和建模，状态空间控制器能够实现更精细的控制，适用于一些对系统动态响应要求较高的场景。

频域控制器是通过对系统的频域特性进行分析和设计来实现控制。通过对系统的频率响应进行调节，频域控制器可以在一定频率范围内实现更精准的控制，适用于一些对系统频率特性要求较高的应用。

在选择控制器类型时需要充分考虑系统的动态特性、稳定性、抗干扰能力以及实际的应用需求。对于一些简单且要求稳定性较高的系统，PID 控制器可能是一个较为合适的选择，而对于一些复杂、高动态性能要求的系统，则可以考虑使用状态空间控制器或频域控制器。

线性系统控制还需要考虑控制器的调节方法和参数整定。通过合理的调节和参数整定，可以使控制器更好地适应不同的工作条件，提高系统的稳定性和性能。

在机电设备线性控制系统的设计中，控制器类型的选择是一个需要仔细权衡各种因素的复杂任务。只有在充分理解系统需求和特性的基础上，才能做出明智的选择，确保系统能够稳定可靠地运行。

（四）参数调整与优化

在线性控制系统设计中，参数调整与优化是确保系统性能最佳化的关键步骤。通过精心调整控制器的参数，可以使系统更好地响应外部变化，提高稳定性、减小过渡过程以及满足不同工况下的性能要求。在机电设备中，这一过程至关重要，因为机电系统往往涉及到复杂的动态特性和多变的工作环境。

了解系统的动态响应是参数调整的基础。通过分析系统的传递函数、阶跃响应、频率响应等特性，可以获得关键的性能指标，如过渡时间、超调量、稳态误差等。这些指标将指导我们在参数调整过程中的优化目标，确保系统在设计要求范围内运行。

在参数调整过程中，常见的方法之一是使用试错法。通过调整比例、积分和微分三个参数，即 PID 控制器的参数，可以观察系统的响应变化，逐步优化参数值。这种方法需要工程师对系统有一定的了解和经验，因为不同系统的动态响应可能会对参数调整产生不同的影响。

另一种方法是利用现代控制理论中的自适应控制或模型预测控制等先进技术进行调

控。这种方法可以在运行时根据系统状态进行实时调整，适应不同工况下的变化。虽然这种方法较为复杂，但对于一些高动态性能和复杂工况的机电系统而言，能够提供更为精确的控制效果。

参数调整与优化还需要考虑系统的鲁棒性，即系统对参数变化和外部扰动的抵抗能力。通过对控制器参数进行鲁棒性分析和优化，可以确保系统在不同工况下依然能够保持稳定性和性能。

在优化过程中，可以借助仿真工具和实验数据进行验证。通过建立系统的数学模型，进行仿真实验，可以更直观地观察参数调整对系统性能的影响。同时，通过实际试验数据的采集和分析，可以验证仿真结果，进一步完善参数调整的准确性。

参数调整与优化是一个迭代过程，需要工程师不断根据实际运行情况进行调整。在机电设备中，系统的复杂性和多变性使得这一过程尤为关键。通过精细而全面的参数调整与优化，可以确保线性控制系统在不同工况下都能够稳定可靠地运行，满足设计要求。

（五）系统仿真与实验验证

系统仿真与实验验证是机电设备中线性控制系统设计的关键环节。通过仿真模拟和实际实验验证，可以验证理论设计的有效性、优化控制策略，并进一步提高系统的性能和稳定性。

系统仿真在线性控制系统设计中扮演着不可替代的角色。通过数学模型和控制算法的仿真，可以在计算机环境中模拟系统的动态行为，评估控制器的性能，分析系统的响应特性。在仿真过程中，可以快速地调整控制器参数、采用不同的控制策略，以寻找最佳的设计方案。

在仿真中，可以模拟系统在不同工作条件下的响应，考虑不同的外部扰动和工作负载。这有助于评估控制系统的鲁棒性，即在不同环境下系统是否能够保持稳定性和性能。通过仿真，设计者可以更全面地理解系统的动态特性，发现潜在问题，并及时进行调整和优化。

实验验证是将理论设计转化为实际应用的关键一步。通过在实际机电设备上进行控制系统的实验验证，可以验证仿真结果的真实性，检验控制器的稳定性和性能。实验验证还能够发现仿真中可能未考虑到的实际因素，提供更真实的系统响应数据。

在实验中，可以采集系统的实时反馈数据，与仿真结果进行对比。这有助于验证数学模型的准确性和仿真的可靠性。同时，实验还可以发现一些仿真中难以预测的问题，例如传感器误差、摩擦力等实际环境中存在的因素，从而优化控制器设计。

实验验证还能够为系统的工程应用提供重要的参考。通过实际测试，可以评估系统在不同负载、温度、湿度等条件下的性能。这对于机电设备在实际工作环境中的可靠性和稳定性至关重要。

在实际应用中，系统仿真和实验验证往往是相互结合的。通过在仿真中优化控制器设计，然后在实验中验证仿真结果，不断迭代和调整，最终得到稳定可靠的线性控制系统。这一过程不仅缩短了系统设计的开发周期，也降低了在实际机电设备上进行大量试错的成本。

系统仿真与实验验证在机电设备中线性控制系统设计中起着重要的作用。通过仿真，可以在理论设计阶段发现和解决问题，而实验验证则确保了理论设计的可行性和实际应用的有效性。这一有机结合的过程为机电设备的自动化、智能化提供了强有力的支持。

（六）扰动抑制与鲁棒性设计

在机电设备线性控制系统设计中的扰动抑制与鲁棒性设计，是确保系统在面对外部干扰和变化时能够保持稳定性和性能的关键部分。扰动抑制旨在降低外部扰动对系统的影响，而鲁棒性设计则是使系统对于参数变化和不确定性具有一定的容忍能力。

扰动抑制在机电设备中具有重要意义。机电系统往往受到各种外部扰动的影响，如机械振动、电磁干扰等。这些扰动可能导致系统的不稳定性、振荡或性能下降。通过设计有效的扰动抑制控制器，可以减小扰动对系统的影响，提高系统的稳定性和精度。

在扰动抑制的设计中，一种常用的方法就是采用滤波器或者专门的控制算法来抑制特定频率范围内的扰动。例如，使用低通滤波器可以消除高频噪声对系统的影响，使系统更加稳定。同时，通过使用自适应控制策略，系统可以实时调整控制器参数以适应不同频率的扰动，提高对扰动的抵抗能力。

鲁棒是指控制系统在一定（结构，大小）的参数摄动下，维持其他某些性能的特性。鲁棒控制是一个着重控制算法可靠性研究的控制器设计方法。鲁棒性设计是保障机电系统在参数变化和不确定性情况下稳定运行的重要手段。在实际应用中，机电设备可能受到零件磨损、环境温度变化等因素的影响，导致系统参数发生变化。鲁棒性设计能够使系统对这些变化具有一定的适应性，保持稳定性和性能，其工作原理如图 2-19。

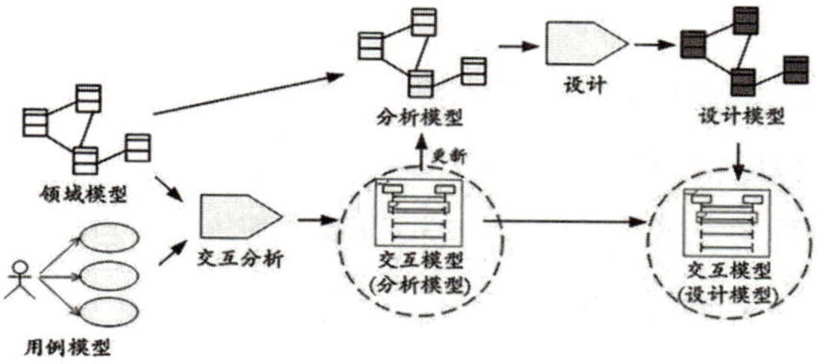

图 2-19　鲁棒性设计工作原理图

在鲁棒性设计中，一种常见的策略是采用鲁棒控制器，其特点是对系统参数变化和不确定性具有较强的容忍能力。鲁棒控制器通常基于系统的参数范围设定，通过动态调整控制策略，使系统在参数变化时仍能保持稳定。这对于机电设备中的电机控制、位置控制等场景非常重要，因为这些系统往往受到环境条件的变化和部件老化的影响。

使用自适应控制方法也是提高系统鲁棒性的一种途径。自适应控制器能够实时地根据系统的实际情况调整控制策略，从而适应参数变化和不确定性。这种方法使系统更具灵活性，能够在不同工作条件下保持良好的控制性能。

在实际应用中，扰动抑制与鲁棒性设计往往相互结合，共同确保机电系统在复杂和不确定的环境中稳定运行。例如，在无人车辆控制系统中，通过采用鲁棒控制器和传感器融合技术，可以抑制车辆行驶中的振动，同时适应道路状况的变化。

扰动抑制与鲁棒性设计在机电设备中线性控制系统设计中扮演着重要的角色。通过有效的控制策略和算法，机电系统能够在复杂和不确定的工作环境中保持高度的稳定性和性能，从而满足实际应用的要求。这一设计理念为机电设备的智能化和自适应性提供了有力支持。

（七）故障诊断和容错设计

在机电设备中的线性控制系统设计中，故障诊断和容错设计是确保系统在面对可能出现的故障情况时能够迅速而有效地进行检测、定位并采取措施以保持系统运行的关键方面。这一设计理念旨在提高机电设备的可靠性、安全性和稳定性。

故障诊断是线性控制系统设计的不可或缺的一环。机电设备中的各种组件，如传感器、执行器、电机等都可能发生故障，导致系统性能下降甚至系统崩溃。通过在系统中集成故障检测和诊断模块，可以实时监测系统的状态，及时发现潜在故障并进行诊断。

故障诊断的方法包括基于模型的故障检测和数据驱动的故障检测。基于模型的方法使用系统的数学模型来预测和比对实际输出与预期输出，从而识别异常。数据驱动的方法则基于实测数据进行分析，通过监测系统的输入和输出关系来检测故障。这两种方法可以结合使用，提高系统对各种故障的敏感性和准确性。

容错设计是在故障发生时保持系统运行的重要手段。通过在控制系统中引入容错机制，可以在故障发生后自动采取措施以保障系统稳定性和性能。容错设计的目标是使系统在故障状态下能够继续提供部分功能，或者通过调整控制策略来适应故障。

容错设计的方法包括冗余设计、备份控制器和重配置策略等。冗余设计是通过增加冗余元件，如冗余传感器、执行器等，使系统在某些元件故障时仍能够保持部分功能。备份控制器是在系统中引入备用控制器，当主控制器发生故障时，备份控制器会接管控制权。重配置策略则是通过调整系统的工作模式或控制策略，以适应故障的发生。

在实际应用中，故障诊断和容错设计往往相互结合，形成完整的故障管理体系。例如，在飞行器的自动驾驶系统中，通过使用多余的传感器来实现冗余设计，同时使用先进的故障诊断算法来检测和定位传感器故障，再结合备份控制器和重配置策略来确保在故障情况下飞行器的安全运行。

故障诊断和容错设计在机电设备线性控制系统设计中具有极其重要的作用。通过及时准确地诊断故障并采取有效的容错措施，可以最大程度地减小故障对系统性能的影响，提高系统的可靠性和稳定性。这一设计理念为机电设备的智能化和自主运行提供了有力的技术支持。

第三章　机电设备自动化控制的现代方法

第一节　机电设备中的状态空间与多变量控制

一、机电设备中的状态空间

（一）机电设备中的状态空间的含义

状态空间是控制工程中的一个名词。状态是指在系统中决定系统状态的最小数目的变量的有序集合。状态空间则是指该系统的全部可能状态的集合，可视为一个以状态变量为坐标轴的空间。图 3-1 为状态空间模型。

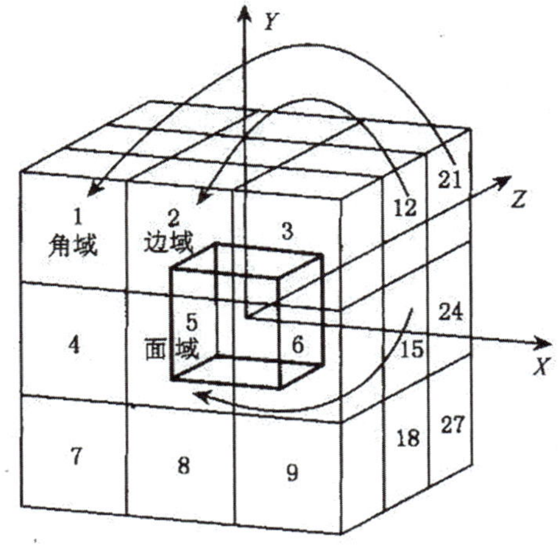

图 3-1　状态空间模型

在机电设备中，状态空间模型是一种数学框架，旨在描述和分析系统的动态行为。它的核心思想是通过定义系统的状态、输入和输出，将系统的动力学行为转化为一组微分方程或差分方程的形式，从而提供了一种直观而有效的工具，用于理解、建模和控制机电设备的运动和响应。

状态空间模型的“状态”代表了机电系统在任意时刻的内部状态或特征。这些状态可以包括机械系统的位置、速度，电气系统的电流、温度等。通过将这些状态组合成一个向量，状态空间模型能够全面而简洁地表达系统的动态特性。

状态空间模型的“空间”则是状态向量所处的抽象空间。状态空间模型通常通过一组微分方程或差分方程来表示系统的状态随时间而演化。这种抽象表示允许我们从整体的角度来观察和分析系统的行为，揭示系统内在的关系和规律。

关键的系统方程包括状态方程和输出方程。状态方程描述了系统状态随时间的演变，反映了系统内部的动态特性。输出方程则将系统的状态映射到我们可以直接观测或测量的输出，通常是我们关心的性能指标。通过这两个方程，状态空间模型成了一个全面描述系统行为的数学框架。

在机电设备中，状态空间模型的应用具有广泛的意义。首先，它为系统的动态建模提供了一种直观而灵活的方式。通过选择合适的状态变量，我们能够捕捉系统内在的物理过程，从而建立准确的模型。这有助于深入理解机电系统的运动学和动力学，为系统的设计和优化提供了重要依据。

状态空间模型在控制器设计中发挥着关键作用。控制器的设计通常涉及到调节系统状态以达到特定的性能指标。状态空间模型为控制器设计提供了一种直接的框架，使控制器可以通过调整状态空间矩阵中的参数来实现对系统的控制，这使得控制器的设计更加直观、灵活，并且能够满足不同系统和应用的需求。

状态空间模型还支持对系统的稳定性、可控性和可观性等性质进行分析。通过分析系统矩阵的特征值，我们可以判断系统在不同状态下的稳定性，而可控性和可观性则提供了关于系统控制和观测性能的重要信息。这些分析有助于评估系统的可靠性和性能，并为系统的改进提供指导。

机电设备中的状态空间模型是一个强大的工具，为我们理解、建模和控制机电系统提供了丰富的数学框架。通过描述系统的动态行为，状态空间模型在机电设备的设计、控制和优化中发挥着关键作用，为提高系统性能和效率提供了有效的理论支持。

（二）机电设备中的状态空间的主要内容

1. 状态方程

状态方程是指刻画系统输入和状态关系的表达式。状态向量所满足的向量常微分方程称为控制系统的状态方程。伴随计算机的发展，以状态空间理论为基础的现代控制理论的数学模型采用状态空间方程，以时域分析为主，着眼于系统的状态及其内部联系，研究的机电控制系统扩展为多输入-多输出的时变系统。在机电设备中，状态方程是状态空间模型的核心组成部分，它通过数学方程的形式描述了系统状态随时间而演化的规律。状态方程通常采用微分方程或差分方程的形式，反映了系统内部各个状态变量之间的相互影响和演化过程。式 3-1 所示为连续线性时变控制系统表达式。

$$\begin{cases}\dot{x}=A(t)x+B(t)u,\\ y=C(t)x\end{cases} \tag{3-1}$$

式中的（a）式称为状态方程。如果状态向量的初始条件 $x(t_0)=x_0$ 和 $t\geqslant t_0$ 时的输入都已知，则可从（a）式完全决定 $t\geqslant t_0$ 时刻的所有状态 $x(t)$，因而控制系统的动态行为就完全确定了。

状态方程的形式可以用来表示系统的动力学特性，涵盖了机械、电气等多个物理领域。在机电设备中，状态变量可以包括机械系统的位置、速度和电气系统的电流等。通过将这些状态变量组合成状态向量，则状态方程能够全面地刻画系统的动态行为。

状态方程提供了一个直观的框架，使我们可以理解系统内部状态之间的关系以及外部输入对系统状态的影响。通过分析状态方程，可以深入了解系统的动态特性，包括系统的稳定性、振荡频率、自由运动等。这为系统的设计、控制和优化提供了理论基础。

关键的状态方程组成部分包括状态向量、系统矩阵和输入矩阵。状态向量是由系统的各个状态变量组成的列向量，它反映了系统的整体状态。系统矩阵描述了系统状态向量在没有外部输入的情况下的演化规律，即系统的自由运动。输入矩阵描述了外部输入对系统状态的影响，即控制输入的作用。

在机电设备的应用中，状态方程的建立往往基于系统的动力学方程和物理原理。通过对系统进行建模，可以将系统的运动、能量转换等物理过程转化为数学方程，从而得到状态方程。这种建模方法有助于精确地捕捉系统的动态特性，为控制器设计和系统优化提供准确的数学描述。

状态方程在机电设备中的应用是非常重要的，它为系统的动态建模和分析提供了强大的工具。通过状态方程，我们能够理解系统的运动规律、响应特性，为系统的控制、设计和性能分析提供了深刻的数学基础。

2. 输出方程

输出方程着重刻画控制系统的输出与状态之联系的代数关系。式 3-1（b）便是输出方程。输出方程提供了人们通过量测数据了解系统状态变化的信息。状态方程和输出方程是控制系统数学模型的重要组成部分。

在机电设备中，输出方程是状态空间模型的重要组成部分，它通过数学方程的形式描述了系统的输出与内部状态之间的关系。输出方程通常用线性方程表示，将系统的状态向量映射到我们能够直接观测或测量的输出变量，从而提供了对系统性能的直观认识和控制的参考。

输出方程为我们提供了直接可观测的系统性能指标。在机电设备中，输出变量通常包括我们关心的物理量，如机械系统的位移、速度、电气系统的电压等。通过将这些输出量表示为系统状态的线性组合，输出方程构建了系统状态与我们关心的实际输出之间的关联。

输出方程有助于系统的观测和监控。通过测量输出变量，我们可以实时获取系统的状态信息，了解系统的运行状况。输出方程的设计要考虑到输出变量的选择，以便直观地反映系统的性能特征。在机电设备中，输出方程常常直接与工程实际需求相联系，提供了实时监测和控制系统的手段。

关键的输出方程组成部分包括输出向量系统矩阵和输入矩阵。输出向量是系统的实际输出，它可以是单一物理量或多个物理量的组合。系统矩阵描述了系统状态向量与输出变量之间的线性关系，即状态如何映射到输出。输入矩阵描述了输入变量对输出的直接影响，即外部输入如何影响输出。

在实际应用中，输出方程的设计要考虑到观测系统的灵敏度和实际测量的可行性。选择合适的输出变量和设计合理的输出方程是提高系统观测性能和控制效果的重要一环。

输出方程在机电设备中的应用是为了将系统的状态转化为实际可观测的输出，从而更好地了解系统的性能和动态特性。通过精心设计输出方程，可以实现对系统的实时监测、控制和优化，为机电设备的智能化和高效运行提供了关键的数学工具。

3. 状态空间矩阵

在机电设备中，状态空间矩阵（图 3-2）是状态空间模型的关键组成部分，它由系统矩阵、输入矩阵、输出矩阵和直接递减矩阵组成。这些矩阵共同构成了一个描述系统动态行为的数学框架，提供了对系统结构、性能和控制的全面理解。

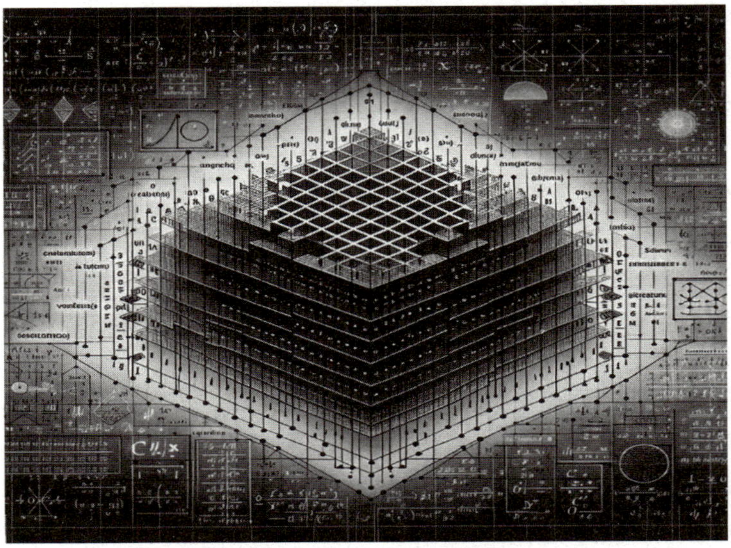

图 3-2　状态空间矩阵

系统矩阵是描述系统状态随时间演变的核心矩阵。它反映了系统在没有外部输入的情况下，状态向量是如何自由演化的。系统矩阵的特征值和特征向量提供了系统稳定性、振荡频率等重要信息。在机电设备中，矩阵的设计和分析对于理解系统的自由运动和稳定性至关重要，为系统建模和控制提供了重要的数学基础。

输入矩阵描述了外部输入对系统状态的影响。它将控制输入映射到状态向量，反映了系统对外部激励的响应方式。在机电设备中，矩阵的设计与系统的控制性能密切相关。通过适当选择和设计矩阵，可以实现对系统状态的有效控制，为机电系统的性能优化提供了理论支持。

输出矩阵描述了系统状态向量与输出变量之间的关系。它将状态向量映射到可观测的输出变量，为实时监测和系统性能评估提供了关键信息。在机电设备中，矩阵的设计需要考虑到输出变量的选择，以便直观地反映系统性能特征。通过适当设计矩阵，我们能够获得对系统实际运行状态的准确观测，为系统的监测和控制提供了有力的数学工具。

直接递减矩阵描述了外部输入直接传递到输出的关系。它反映了系统的直接递减特性，即外部输入如何直接影响系统的输出。在某些系统中，矩阵可能为零，表示外部输入不直接递减到系统输出；在另一些系统中，矩阵可能非零，表示外部输入直接影响系统输出。在机电设备中，矩阵的分析有助于理解系统的结构和性能。

状态空间矩阵是机电设备中状态空间模型的精髓，通过矩阵，提供了对系统动态行为的全面描述。这一数学框架不仅为系统的建模、分析和控制提供了强大的工具，也为理解机电设备的内在运动规律、优化系统性能提供了深刻的数学基础。

4. **可控性和可观性**

在机电设备中，可控性和可观性是状态空间模型中的两个关键概念，它们对于系统的控制和观测性能至关重要。可控性描述了系统是否能够通过控制输入使得系统从任意初始状态达到任意目标状态，而可观性则表示系统是否能够通过观测输出从任意初始状态唯一确定系统状态。这两个概念在机电设备的设计、控制器设计和性能评估中起着重要的作用。

可控性是指系统是否能够通过适当设计控制输入，实现对系统状态的有效控制。在状态空间模型中，可控性与系统矩阵和输入矩阵相关。系统可控性的判断通常涉及计算控制矩阵的秩，即通过控制输入是否能够使系统状态的所有分量都可调。如果系统是可控的，那么可以设计合适的控制策略来引导系统状态达到所需状态，从而实现对机电设备的精确控制。

可观性是指系统是否能够通过测量输出唯一地确定系统的状态。在状态空间模型中，可观性与系统矩阵和输出矩阵相关。通过判断观测矩阵的秩，即通过系统的输出是否能够完全确定系统状态，可以评估系统的可观性。如果系统是可观的，那么通过观测输出，我们可以准确地了解系统的状态变化，为实时监测和控制提供必要的信息。

可控性和可观性的分析不仅是理论上的问题，更是实际控制系统设计的关键一环。在机电设备中，通过评估系统的可控性，我们可以确定系统是否能够满足控制需求，以便在系统设计阶段选择适当的控制器结构。同时，通过可观性的分析，我们能够确保系统状态的准确观测，为系统监测、故障检测和维护提供有力的支持。

在现代控制理论中，强调的是通过状态反馈和状态观测器来实现对系统的控制。可控性和可观性的概念为这些高级控制方法提供了理论基础。通过合理设计控制输入和观测输出，可以实现对系统状态的精确控制和监测。

可控性和可观性是机电设备中状态空间模型中的两个关键概念，它们直接影响着系统的控制性能和观测性能。通过深入理解和分析系统的可控性和可观性，我们能够更好地设计和优化机电设备的控制系统，提高系统的稳定性和可靠性。

5. 系统稳定性分析

系统稳定性是指系统在面临各种条件或环境的变化时，仍能保持其整体稳定运作的能力。在机电设备中，系统稳定性分析是状态空间模型的核心之一，它关注系统在不同状态下的响应是否趋向于稳定。系统稳定性直接影响着机电设备的性能和控制效果，因此对系统进行稳定性分析是设计和优化控制系统的关键步骤。

系统稳定性分析是基于状态空间模型中的系统矩阵的特征值。系统矩阵描述了系统状态向量在没有外部输入的情况下的自由演化规律。系统的稳定性与矩阵的特征值的位置有关，特征值的实部决定了系统的稳定性。如果所有特征值的实部都是负的，系统就是稳定的；如果所有特征值的实部都是正的，系统就是不稳定的。这种分析方法称为特征值分析，通过数学工具可以计算和评估系统的稳定性。

系统稳定性分析也涉及状态空间模型中的状态方程和状态转移矩阵。状态方程描述了系统状态向量随时间的演变，状态转移矩阵则表达了系统从初始状态到任意时刻的状态的变化。通过分析状态转移矩阵，可以获取系统的响应特性，包括过渡过程的速度和振荡频率等。这对于理解系统的动态行为和调节系统响应至关重要。

系统稳定性分析还涉及系统的零极点分布。系统的极点是状态方程的特征根，而零点则是输出方程的特征根。极点和零点的分布情况直接影响系统的稳定性和性能。通过分析这些零极点，可以更全面地了解系统的频域响应和稳定性特性。

在机电设备中，稳定性分析为系统设计和控制器设计提供了重要的指导。一个稳定的系统能够更可靠地执行所需的任务，而一个不稳定的系统可能导致系统振荡、失稳或无法控制。通过采用现代控制理论中的方法，如状态反馈、根轨迹设计等，可以有效地调节系统的稳定性，提高机电设备的控制性能。

系统稳定性分析为系统设计、控制器设计和性能评估提供了深刻的理论基础。通过仔细分析系统的状态空间模型，特别是系统矩阵的特征值、状态转移矩阵以及零极点分布，我们能够全面了解系统的稳定性特性，从而优化系统设计，提高机电设备的可靠性和性能。

6. 控制器设计

在机电设备中，控制器设计是状态空间模型应用的关键领域，它直接影响着系统的性能、稳定性和响应速度。控制器的设计旨在通过适当调节系统的输入，使得系统的状态在期望的轨迹上运动，从而实现对机电设备的精确控制。

控制器设计的核心是选择合适的控制策略。在状态空间模型中，常见的控制策略包括比例—积分—微分（PID）控制、线性二次型（LQR）控制、状态反馈控制等。PID 控制是一种经典的控制策略，通过调节比例、积分和微分三个部分的参数来实现对系统的控制。LQR 控制则通过最小化系统性能指标的二次型函数来优化控制器参数。状态反馈控制则允许直接测量系统状态，并通过反馈信息调节输入来实现控制。

控制器的设计需要考虑系统的可控性和可观性。如果系统是可控的，那么可以通过合理设计控制输入，实现对系统状态的有效控制。如果系统是可观的，那么通过观测输出，我们能够准确地了解系统的状态变化，为实时监测和控制提供必要的信息。这些概念在控制器设计中起到了指导作用，影响着控制器参数的选择和调整。

控制器设计还需要考虑系统的性能指标。性能指标可以包括系统的稳定性、过渡过程的速度、振荡频率、能耗等。通过在控制器设计中优化这些性能指标，可以实现对机电设备更加精细和高效的控制。在某些应用中，还需要考虑鲁棒性、抗干扰性等特性，以确保控制器在不同工况下都能保持良好的性能。

控制器的设计也需要综合考虑机电系统的动态特性和非线性因素。在实际应用中，机电系统可能存在非线性、时变性、饱和效应等复杂因素，这对控制器的设计提出了更高的要求。先进的控制方法，如模型预测控制、自适应控制等，通常能够更好地处理这些复杂性。

控制器设计在机电设备中是一个综合考虑理论、实际应用和系统特性的复杂任务。通过合理选择控制策略、考虑系统的可控性和可观性、优化性能指标以及处理系统的动态特性和非线性因素，可以设计出高效、稳定的控制器，实现对机电设备的精确控制，提高系统的性能和可靠性。

二、机电设备中的多变量控制

（一）系统建模与分析

多变量控制是指对多变量系统实现的控制。多变量系统是指具有多个输入量或输出量的系统，又称多输入多输出系统。在进行控制时，除了对应一个控制变量选择一个操作变量以外，也可控制多个独立单环所组成的过程，从而对整个过程进行控制。在机电设备中，多变量控制是涉及多个输入和输出的复杂系统的控制方法。例如，在蒸馏塔的控制系统中，对塔顶或塔底的任何一个组成部分进行自动控制时，就可以发现还存在有不能进行自动控制的“失控”等现象。系统建模与分析是多变量控制的起步阶段，它为设计有效的多变量控制器奠定了基础。图 3-3 为多变量控制原理图。

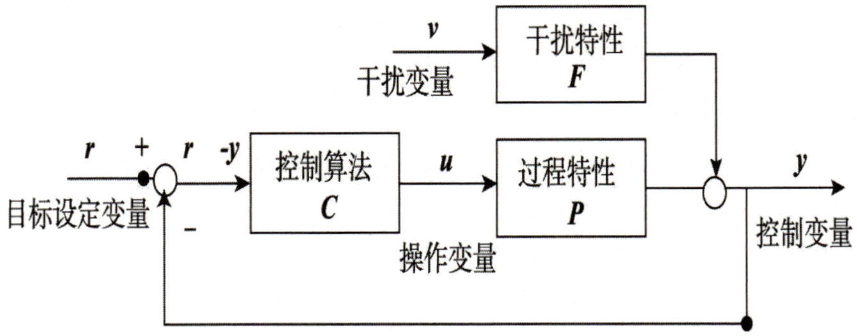

图 3-3　多变量控制原理图

系统建模涉及将机电设备的动态行为转化为数学模型。这包括确定系统的状态变量、输入变量和输出变量，以及描述它们之间关系的方程。在多变量控制中，这些方程通常以状态空间模型的形式表示，其中状态方程描述系统状态随时间而演变，而输出方程表示系统输出与状态之间的关系。通过建立准确的数学模型，我们能够全面理解机电系统的动态特性，为多变量控制的设计提供了基础。

系统分析是对建立的数学模型进行深入研究，以了解系统的稳定性、可控性、可观性等性能指标。在多变量系统中，这涉及多个输入和输出之间的相互影响。通过分析系统矩阵的特征值、控制输入矩阵的秩、观测矩阵的秩等，可以评估系统的整体性能。同时，多变量系统的稳定性分析需要考虑交叉耦合项，即不同输入对不同输出的影响，这对于理解系统的复杂动态行为至关重要。

系统建模与分析也需要考虑系统的非线性特性和时变性。在机电设备中，系统可能受到摩擦、饱和效应、变化的负载等因素的影响，这使得系统表现出非线性行为。时变性则可能由于外部环境、系统参数的变化等原因引起。综合考虑这些因素，对系统进行准确建模和深入分析是多变量控制成功的关键。

系统建模与分析的过程还包括对传感器和执行器的建模。在多变量控制中，准确的传感器测量和执行器响应是确保控制器能够准确调节系统的关键。因此，对这些组件进行精确建模，考虑其动态特性和非理想因素，有助于提高多变量控制系统的性能。

系统建模与分析在机电设备多变量控制中是一个关键的阶段。通过准确地描述系统的动态特性、考虑多变量之间的相互影响、处理非线性和时变性，以及对传感器和执行器进行精确建模，可以为设计出高效、稳定的多变量控制器奠定坚实基础。这为实现机电设备的复杂运动控制和性能优化提供了理论支持。

（二）多变量控制器设计

在机电设备中，当控制系统需要使用多个执行器实现多种目标，而每个执行器都会同时影响所有的过程变量，问题就变得相当棘手。在这种工况下，就需要多变量控制器，可以同时平衡所有执行器的动作。例如，在蒸馏塔中，可能有数百种温度、压力和流量，所有的参数都必须协调一致，以便最大限度地提高蒸馏产品的质量。在航空领域，喷气式飞机飞行控制系统必须协调飞机的发动机和飞行控制面，以便让飞机保持飞行状态。

多变量控制器的设计是确保系统稳定性和性能优化的关键环节。多变量控制涉及多个输入和输出之间的复杂的相互关系，因此控制器的设计需要综合考虑系统的动态特性、非线性因素、交叉耦合项以及传感器和执行器的动态响应。图 3-4 为多变量数字签名装置。包括输入输出控制模块、解码模块、整数计算模块、有限域计算模块、寄存器模块、RAM 存储模块、ROM 存储模块等，实现其的变量控制目的。

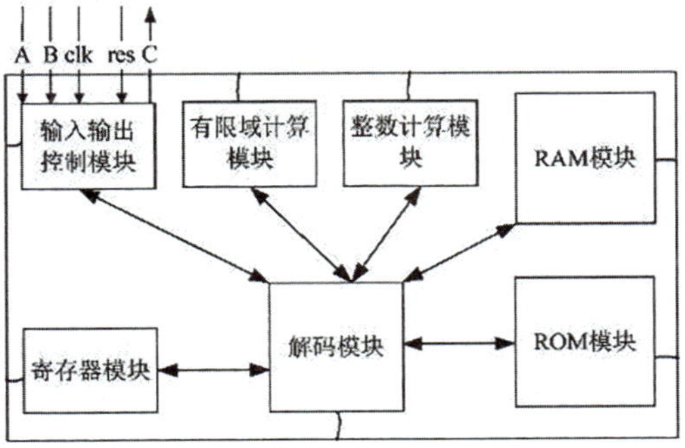

图 3-5 多变量数字签名装置图

多变量控制器的设计通常采用现代控制理论的方法，如线性二次型（LQR）控制、模型预测控制（MPC）、鲁棒控制等。LQR 控制通过最小化系统性能指标的二次型函数来优化控制器参数，适用于线性时不变系统。MPC 则允许对未来时刻的系统行为进行预测，并优化当前时刻的控制输入，适用于时变系统和具有复杂约束的系统。鲁棒控制考虑系统的不确定性和外部扰动，通过鲁棒性设计来提高系统的稳定性。选择合适的控制策略取决于机电系统的具体特性和性能要求。

多变量控制器的设计需要考虑系统的交叉耦合项。在多变量系统中，不同输入可能对多个输出产生影响，反之亦然。因此，控制器需要考虑这些交叉耦合项，以确保系统的稳定性和性能。通过适当的控制策略和参数调节，可以有效地处理多变量系统中的交叉耦合问题，提高系统的控制精度。图 3-5 显示了一个简单解耦的过程，该过程具有两个相互解耦的过程变量，通过两个控制器对其进行控制，这样每个控制器就只控制一个过程变量。过程变量可分离使每个控制器最终只影响一个过程变量。解耦器（C21 和 C12）被设计为消除每个控制器对其他过程变量（P21 和 P12）的交叉影响。解耦器允许两个控制器操作，就好像每个控制器都控制其自己的独立过程一样。

双变量解耦控制器可以应用于双变量 HVAC 过程。如果室内的温度被定义为过程变量 1，湿度被定义为过程变量 2，然后 P12 表示湿度的变化对温度的影响，P21 则代表温度变化对湿度的影响。为消除这些耦合效应，当需要较高的湿度而注入热蒸汽时，解耦器 C12

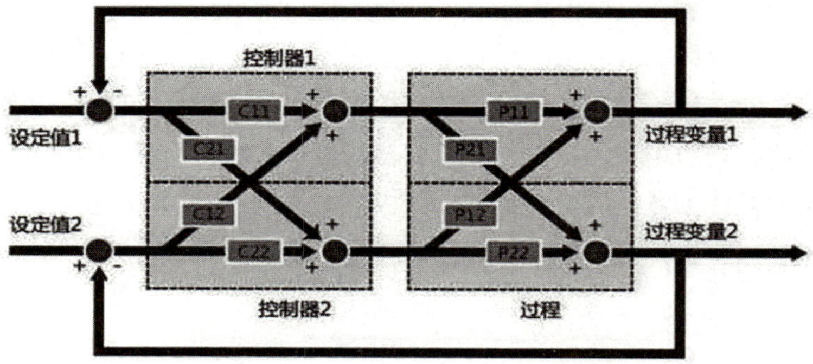

图 3-6 解耦过程图

必须削减加热线圈。同样，当房间温度降低时，C21 需要减少蒸汽，因为一个较冷的房间需要较少的蒸汽来保持相同的相对湿度。

多变量控制器设计还需要关注系统的非线性因素。在机电设备中，系统可能受到摩擦、饱和效应、变化的负载等非线性因素的影响。采用非线性控制方法，如模糊逻辑控制或神经网络控制，可以更好地处理这些非线性特性。非线性控制器能够适应系统的复杂动态行为，提高系统的鲁棒性和性能。

多变量控制器的设计需要结合传感器和执行器的动态响应。准确的传感器测量和执行器响应是确保控制器能够准确调节系统的关键。通过对这些组件进行精确建模，考虑其动态特性和非理想因素，有助于提高多变量控制系统的性能。

多变量控制器的设计是机电设备中控制系统的关键环节。采用现代控制理论的方法，综合考虑系统的动态特性、非线性因素、交叉耦合项以及传感器和执行器的响应，可以设计出高效、稳定的多变量控制器，实现对机电设备的精确控制和性能优化。这为机电系统的复杂运动控制和自动化提供了强大的支持。

（三）协调与交互

在机电设备中，多变量控制的协调与交互是指在系统内部或与外部环境交互时，有效地管理多个控制变量和系统间的复杂关系。这涉及在多变量控制系统中实现各个控制回路之间的协同工作，以确保系统整体性能的提高和相互之间的良好交互。

协调与交互需要处理多个控制回路之间的耦合关系。在多变量系统中，不同控制回路之间可能存在交叉影响，一个控制回路的调整可能会影响其他回路。有效的协调策略需要考虑这种耦合关系，以确保各个回路之间的调整是协同一致的，而不是相互冲突的。这可以通过采用分布式控制、协同控制或者模型预测控制等方法来实现。

协调与交互也需要处理多个控制目标之间的平衡。在机电设备中，通常存在多个性能指标，如稳定性、响应速度、能耗等，需要在这些指标之间进行平衡。协调与交互的设计需要考虑如何在不同的控制回路中分配资源，以实现系统整体性能的最优化。这可以通过多目标优化、权重分配等策略来实现。

协调与交互还需要处理多变量控制系统与外部环境的交互。机电设备通常在复杂的工作环境中运行，可能受到外部扰动、变化的负载等影响。有效的协调与交互需要考虑如何使系统能够适应外部环境的变化，保持稳定性和性能。这可以通过采用鲁棒控制、自适应控制等方法来实现。

协调与交互的设计还需要考虑实时性和通信的问题。在多变量控制系统中，各个控制回路之间需要实时的信息交流，以便及时调整控制策略。因此，协调与交互的设计需要考虑通信网络的建立和实时性的保障，确保系统能够快速响应外部变化。

协调与交互是多变量控制系统中的重要问题，涉及多个控制回路之间的耦合、多目标之间的平衡以及系统与外部环境的有效交互。通过合理设计协调与交互策略，可以实现机电设备在复杂工作环境中的稳定高效运行，提高系统的鲁棒性和自适应性。

（四）鲁棒性与稳定性

在机电设备中，多变量控制系统的鲁棒性与稳定性是确保系统在面对不确定性、外部扰动和参数变化时能够保持良好性能的重要考虑因素。鲁棒性指的是系统对于外部扰动和不确定性的抵抗能力，而稳定性则是系统在各种工作条件下始终保持有序运行的性质。

鲁棒性的设计是为了使多变量控制系统能够应对各种不确定性和外部扰动。在机电设备中，系统可能受到温度变化、负载波动、摩擦力变化等多种因素的影响。采用鲁棒控制方法，如\（H_ \infty\）控制或\（μ\）合成控制，可以通过在控制器设计中引入鲁棒性边界，提高系统对于不确定性和扰动的鲁棒性。这样，即使系统面临未知的变化或扰动，仍能保持稳定性和良好的性能。

稳定性是多变量控制系统设计的核心目标之一。一个稳定的系统能够在任何初始条件下保持有序的运动，而不会发生不受控制的振荡或失稳。在多变量控制中，稳定性分析需要考虑多个输入和输出之间的复杂关系，包括交叉耦合项等。通过使用现代控制理论方法，如线性矩阵不等式（LMI）技术，可以对多变量系统的稳定性进行严格的分析和证明。确保系统稳定性是实现高性能机电设备控制的前提。

鲁棒性与稳定性的设计还需要考虑控制系统的性能指标。在多变量控制中性能指标可能包括系统的稳态误差、响应速度、能耗等。通过在鲁棒控制器的设计中兼顾这些性能指标，可以实现对系统的全面优化。

鲁棒性与稳定性的设计也需要考虑控制器的实时性和计算能力。在机电设备中，对实时性的要求较高，需要确保控制器能够及时响应系统的变化。同时，控制器的计算能力也要足够强大，以处理多个输入和输出的复杂计算任务。

鲁棒性与稳定性是机电设备中多变量控制系统设计中的关键考虑因素。采用鲁棒控制方法和现代控制理论工具进行稳定性分析，以及兼顾系统性能指标和实时计算能力，可以设计出具有强大鲁棒性和良好稳定性的多变量控制系统，为机电设备的高性能运行提供坚实保障。

（五）实时优化与适应性

在机电设备中，实时优化与适应性是多变量控制系统的重要方面，它们旨在使系统能够在不断变化的工作环境中实现性能的最优化和自适应调整。实时优化关注如何在运行过程中实时调整控制策略以满足系统的性能指标；而适应性控制旨在使系统能够自动适应外部变化、参数变动和未知扰动。

实时优化是指通过动态调整控制器参数或控制策略在系统运行过程中优化性能指标。在多变量控制系统中，性能指标可能包括能耗、响应速度、精度等。实时优化的关键在于实时获取系统状态信息，并基于这些信息进行快速的决策调整。这可以通过采用模型预测控制（MPC）等方法来实现，MPC 允许在每个时刻预测未来一段时间内的系统行为，并优化当前时刻的控制输入，以实现性能的最优化。

适应性控制是通过监测系统的状态和性能，并根据变化的工作条件自动调整控制策略。在机电设备中，系统参数可能受到温度变化、负载波动等因素的影响，适应性控制旨在实现系统对这些变化的自动适应。模型参考自适应控制、自适应滑模控制等方法是常用的适应性控制策略，它们能够实时调整控制器参数，以保持系统的性能。

实时优化与适应性控制的设计还需要考虑计算的复杂性和实时性。在机电设备中，对实时性的要求很高，需要确保控制器能够及时响应系统的变化。因此，实时优化与适应性控制的设计需要在保证计算复杂性可行的前提下，确保系统能够在实时性要求内进行优化和调整。

实时优化与适应性的设计需要与传感器和执行器的协同工作。准确的传感器测量和响应速度快的执行器是实现实时优化和适应性控制的关键。通过合理设计传感器网络、考虑传感器时滞、提高执行器响应速度等，可以进一步提高系统的性能。

实时优化与适应性是机电设备中多变量控制系统面对不断变化工作条件的应对策略。通过采用现代控制理论的方法，如模型预测控制、自适应控制等，可以实现系统的性能最优化和自适应调整，提高机电设备的运行效率和稳定性。

（六）仿真与实验验证

在机电设备中，多变量控制系统的仿真与实验验证是确保设计的控制策略在实际运行中能够有效实现的关键步骤。通过仿真，可以在计算机环境中模拟多变量系统的动态行为，评估控制策略的性能；实验验证则通过在真实设备上进行测试，验证仿真结果的可行性和有效性。

仿真是多变量控制系统设计中的重要工具。在仿真阶段，可以利用数学模型模拟多变量系统的动态行为，通过计算机软件进行控制策略的实时调整和性能评估。这使得工程师能够在虚拟环境中快速测试不同的控制算法、参数组合，评估系统对不同工况的响应。常用的仿真工具如 MATLAB/Simulink 等提供了强大的模型建立和仿真分析功能，可用于系统设计的迭代和优化。

实验验证是将仿真结果验证于实际设备的重要步骤。通过在实际机电设备上进行实验，可以检验仿真模型的准确性和控制策略的实用性。实验验证考虑到了实际设备的非理想性、传感器测量误差、执行器响应延迟等现实因素，从而更全面地评估控制系统的性能。实验过程中收集的实际数据可以用于与仿真结果进行对比，验证仿真模型的可靠性，并在必要时对控制策略进行调整。

仿真与实验验证的过程也为系统的调试和故障排除提供了机会。在仿真环境中，可以通过模拟不同故障和工况，检测控制系统的鲁棒性和可靠性。实验验证阶段则可以发现在实际设备中可能出现的问题，并进行及时的调整和优化。这有助于确保多变量控制系统在实际运行中具备稳定性和可靠性。

仿真与实验验证的结果反馈到设计过程中，实现闭环的设计迭代。通过不断优化仿真模型和实际控制策略，可以逐步提升多变量控制系统的性能。这种迭代循环有助于确保控制系统满足机电设备的实际需求，并提高系统的鲁棒性、稳定性和性能。

仿真与实验验证是机电设备中多变量控制系统设计过程中不可或缺的环节。通过充分利用仿真工具进行模型验证和性能评估，再通过实验验证在实际设备上验证控制策略的有效性，可以确保设计出具有高性能、鲁棒性的多变量控制系统，为机电设备的稳定运行和性能优化提供可靠的支持。

第二节　机电设备中的自适应控制方法

一、自适应 PID 控制

自适应 PID 控制（图 3-6）是一种在机电设备中广泛应用的控制方法，它通过实时调整 PID 控制器的参数，以适应系统动态特性的变化，从而提高系统的稳定性和性能。这种控制方法是在传统的比例-积分-微分（PID）控制的基础上发展而来，旨在克服传统 PID 控制在面对不确定性和动态变化的系统时的局限性。

自适应 PID 控制的核心思想是实时调整 PID 控制器的参数，以适应系统的动态特性。传统 PID 控制器的参数通常是固定的，根据系统的数学模型进行调整。然而，在实际应用中，系统的动态特性可能随时间变化、外部扰动和未知因素而产生影响。自适应 PID 控制通过引入自适应机制，使得 PID 参数能够根据实时系统响应进行调整，从而更好地适应系

图 3-6 自适应 PID 控制

统的变化。

自适应 PID 控制的实现通常依赖于系统的实时反馈信息。通过使用传感器等设备获取系统的实时状态和性能指标，自适应 PID 控制器能够对系统的反馈信号进行分析，进而调整 PID 参数。这种实时反馈机制使得控制系统能够更加灵活地应对外部环境的变化，提高系统的鲁棒性和适应性。

自适应 PID 控制还可以通过不同的自适应算法实现。其中，常见的自适应算法包括模型参考自适应控制、最小二乘自适应控制、自适应滑模控制等。这些算法在实现自适应 PID 控制时采用不同的策略和计算方法，以适应不同的系统特性和控制要求。

在应用中，自适应 PID 控制在许多领域都取得了显著的成果。例如，在工业自动化中，自适应 PID 控制能够有效地应对生产过程中的不确定性和扰动，提高生产线的稳定性和效率。在机器人控制中，自适应 PID 控制能够使机器人更加灵活地适应不同的工作环境和任务要求。在能源管理中，自适应 PID 控制可以优化能源的利用，提高系统的能效。

自适应 PID 控制作为一种先进的控制方法，为机电设备的控制和优化提供了有效的手段。通过实时调整 PID 参数，自适应 PID 控制能够更好地适应系统的动态变化，提高系统的鲁棒性和性能。在未来，随着自适应控制理论的不断深入和应用领域的扩展，自适应 PID 控制将在机电设备领域发挥更为重要的作用。

二、直接自适应控制

直接自适应控制（图 3-7）是机电设备领域中一种备受关注的先进控制方法，其核心思想是通过实时观测系统的行为并直接调整控制器的参数，以适应系统的动态特性和外部环境的变化。这种控制方法摆脱了传统控制中对系统模型的依赖，通过自适应机制使得控制系统更具灵活性和适应性。

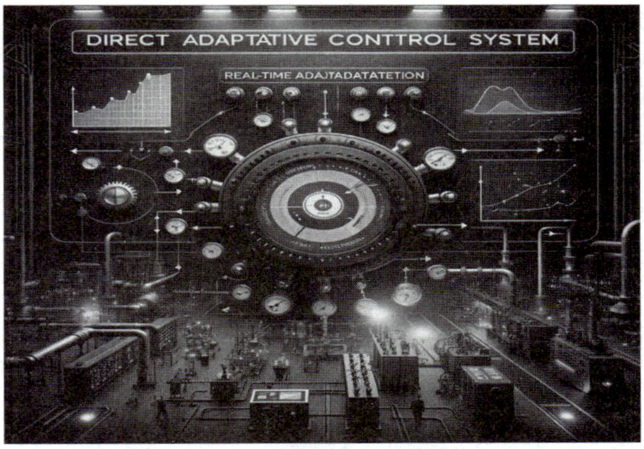

图 3-7 直接自适应控制

直接自适应控制的独特之处在于其对系统模型的宽容性。传统控制方法通常需要准确的系统数学模型来设计控制器，然而在实际应用中，系统模型可能受到不确定性、非线性或时变性的影响，导致模型的建立和维护成本较高。直接自适应控制通过实时观测系统的输入与输出，利用反馈信息来直接调整控制器参数，从而无需依赖精确的系统模型，提高了控制系统的鲁棒性。

直接自适应控制倚重于自适应算法的设计与实现。常见的直接自适应算法包括神经网络控制、模糊逻辑控制和遗传算法等。这些算法能够根据实时的系统反馈信息，自主学习和调整控制策略，使得控制系统能够适应不同的工作条件和环境变化。这种自主学习的特性使得直接自适应控制在处理复杂、非线性系统中表现出色。

直接自适应控制在应对系统的时变性和不确定性方面具有显著优势。由于直接观测系统的实时行为，控制系统能够迅速地响应系统参数的变化，有效地应对外部扰动和不确定性因素。这使得直接自适应控制在工业生产、机器人控制和航空航天等领域中得到了广泛应用。

直接自适应控制作为一种克服系统不确定性、非线性和时变性的先进控制方法，为机电设备的高效运行提供了可行的解决方案。其不依赖精确的系统模型、具有较强的鲁棒性和适应性的特点，使得直接自适应控制在面对复杂实际问题时展现出独特的优势，有望在未来得到更广泛的应用。

三、模型参考鲁棒自适应控制（MRAC）

机电设备中的自适应控制方法中，模型参考鲁棒自适应控制（MRAC）（图 3-8）是一种卓越的技术，旨在解决系统参数不确定性和外部扰动对控制性能的负面影响。MRAC 在其核心理念上融合了模型参考控制和鲁棒控制的优势，通过引入参考模型来适应系统的动态特性，并结合鲁棒性的特点来应对系统的不确定性，为机电设备提供了高度可靠和稳健的控制策略。

图 3-8 模型参考鲁棒自适应控制（MRAC）

MRAC 的模型参考部分通过建立一个参考模型来描述系统的理想行为。这个模型不仅包括系统的动态特性，还考虑了系统的非线性、时滞等因素，以便准确地反映实际工程中的复杂情况。在机电设备中，这种模型的建立可以涉及电机、传感器、执行器等组件，以及它们之间的相互作用。通过参考模型，MRAC 能够生成期望的输出响应，为控制器提供目标，使得系统在不确定性和外部扰动下仍能保持期望的性能。图 3-9 为鲁棒自适应控制工作原理图。

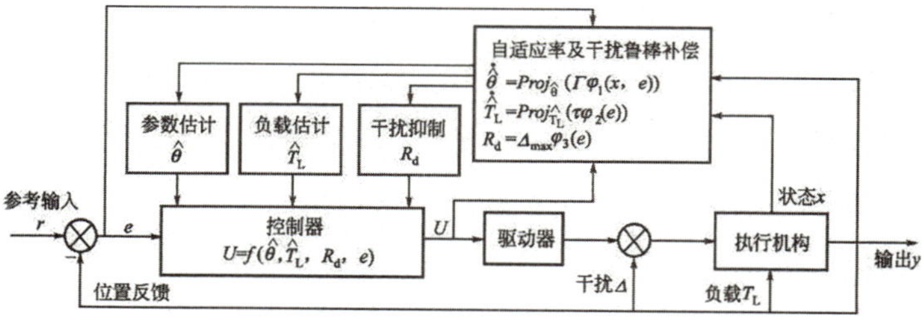

图 3-9　　鲁棒自适应控制工作原理图

MRAC 的鲁棒性质使其能够在面对系统参数变化、建模误差、外部扰动等不确定性时保持控制性能的稳健性。这种稳健性来自鲁棒控制理论的引入，通过设计控制器以适应系统的不确定性范围，从而保证系统的稳定性和性能。在机电设备中，由于系统组件和工作环境的变化，系统参数的不确定性是常见的挑战。MRAC 通过鲁棒自适应控制的方式，使系统具备更强的适应性，确保在不同工况下都能够保持卓越的控制性能。

MRAC 还具备辨识和调整的能力，能够实时监测系统的动态特性并对控制器参数进行在线调整。这种实时性使得 MRAC 能够应对突发情况和系统变化，提高机电设备的响应速度和稳定性。在实际应用中，机电设备通常面临着频繁的工况变化和负载波动，MRAC 的实时调整能够有效应地对这些变化，确保系统性能的稳定。

模型参考鲁棒自适应控制（MRAC）是机电设备中自适应控制方法的重要分支，其独特的设计理念使其能够在不确定性和外部扰动的影响下，为系统提供高效、可靠的控制策略。通过模型参考的建立和鲁棒性的引入，MRAC 为机电设备的控制系统注入了新的活力，为复杂多变的工程环境中的控制问题提供了创新性的解决方案。

五、模糊自适应控制

模糊自适应控制器同时结合自适应控制和模糊控制，形成具有自适应的功能的控制系统，这是一种结合了模糊逻辑系统和自适应控制理论的先进技术。模糊自适应控制通过模糊逻辑推理来处理系统的非线性和模糊性，不要求控制对象具有精确的数学模型，可根据动态特性的实时变化来自动更新和修改以及在线实时调整对应的模糊控制器，使得系统在出现各种各样的不确定因素的时候，控制器的控制效果仍然可以保持一致以及具有良好的鲁棒性，为机电设备提供了一种灵活而高效的控制策略。图 3-10 为模糊自适应控制器的基本框架。

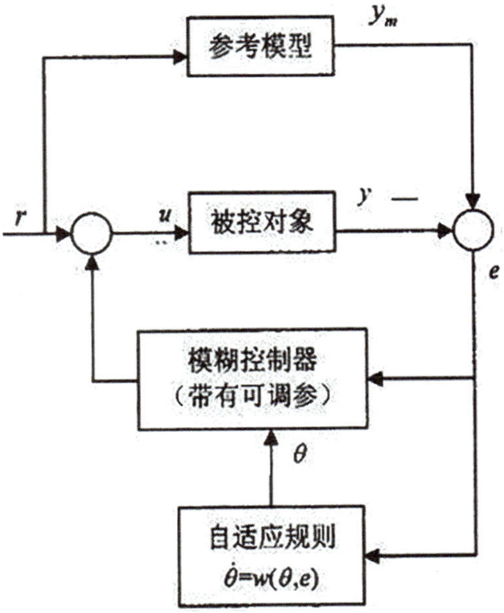

图 3-10 模糊自适应控制器基本框架图

模糊自适应控制利用模糊逻辑系统来建模和处理系统的复杂非线性特性。传统的控制方法往往难以处理机电系统中存在的非线性元素，而模糊逻辑系统通过模糊集合、模糊规则和模糊推理的方式，能够更好地适应这种非线性性质。在机电设备中涉及的非线性因素可能包括摩擦、惯性、非线性负载等，模糊自适应控制通过模糊逻辑的灵活性能够更好地捕捉和处理这些复杂的特性。图 3-11 为模糊 PID 控制原理图。

模糊自适应控制引入自适应机制，以应对系统参数的变化和外部干扰。通过使用自适

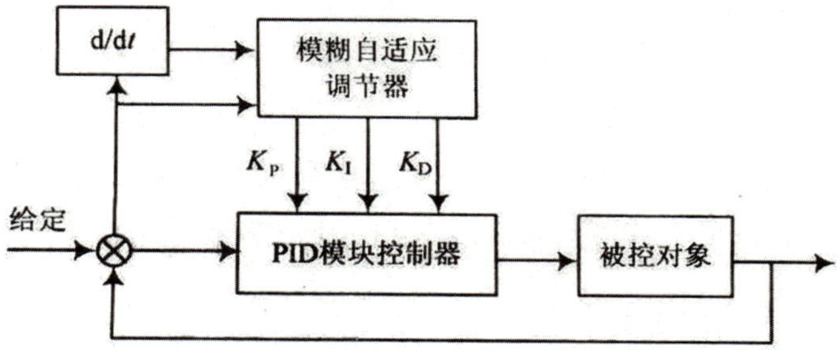

3-11 图模糊 PID 控制原理图

应算法，控制器能够实时地监测系统的性能，并根据实时反馈进行调整，以保持系统的稳定性和性能。这种自适应性质使得模糊自适应控制在面对机电设备中存在的参数不确定性和外部扰动时表现出色，保证了系统的鲁棒性和适应性。

模糊自适应控制还具备良好的适应性，能够在系统结构发生变化时进行自动调整。在机电设备中，由于设备的升级、维护和改进，系统结构可能会发生变化。模糊自适应控制的灵活性和自适应性使得系统能够在不重新设计控制器的情况下适应新的系统结构，减少了维护和调整的工作量。

模糊自适应控制作为机电设备中的一种自适应控制方法，通过模糊逻辑系统和自适应机制的结合，为系统提供了一种强大而灵活的控制策略。其能够有效地处理系统的非线性和模糊性，同时具备适应性、鲁棒性，适用于面对复杂多变的机电系统。模糊自适应控制的应用为机电设备的控制系统带来了新的可能性，为提高系统性能和稳定性提供了一种创新的解决方案。

六、神经网络自适应控制

神经网络自适应控制是借助神经网络的强大模型拟合和学习能力，实现对系统参数变化和复杂动态特性的自适应调整的系统。这种方法通过神经网络的结构和训练机制，为机电设备提供了一种灵活而高效的控制策略，能够适应不同工况下的动态变化和参数不确定性。图 3-12 为神经网络自适应控制系统原理框图。

神经网络自适应控制依赖于神经网络作为控制器的核心。神经网络具有强大的非线性拟合能力和自适应学习机制，能够有效地模拟和逼近机电系统的复杂动态特性。在机电设备中，这种复杂性可能涉及多变的负载、非线性摩擦、系统耦合等问题。通过神经网络的建模能力，控制器能够更准确地捕捉系统的动态行为，为实现精准的控制提供有力的支持。

神经网络自适应控制通过在线学习和实时调整，实现对系统参数的自适应调节。神经网络通过反向传播算法等学习机制，不断地根据系统的实际反馈调整网络参数，以适应系统的变化。在机电设备中，系统参数可能受到温度变化、磨损、负载波动等因素的影响，

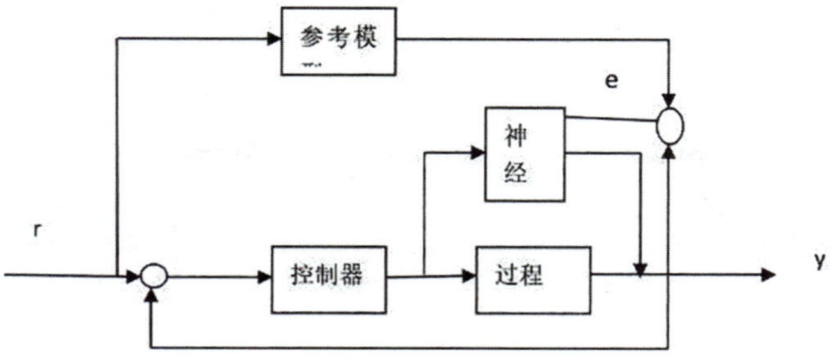

图 3-12 神经网络自适应控制系统原理框图

神经网络自适应控制能够在这些变化中迅速调整，保持系统的稳定性和性能。

神经网络自适应控制还具有良好的泛化能力，能够适应未知工况和新的环境。由于神经网络的模型拟合能力，即使在面对系统未知的工作条件下，神经网络控制器仍能够表现出较好的控制性能，这使得神经网络自适应控制在实际应用中更具通用性和适应性，适用于复杂多变的机电系统。

神经网络自适应控制在机电设备中展现出独特的优势。通过神经网络作为控制器，它不仅能够应对系统的非线性和复杂性，还能够实现对系统参数变化的自适应调整，为机电设备提供高度灵活和可靠的控制策略。神经网络自适应控制的应用为机电设备的智能化和自适应化提供了一种前沿的解决方案，为提高系统性能和适应性带来了全新的可能性。

第三节　机电设备中的模型预测控制（MPC）

一、机电设备中的模型预测控制（MPC）概述

模型预测控制（MPC）是一类特殊的控制，它的当前控制动作是在每一个采样瞬间通过求解一个有限时域开环最优控制问题而获得。过程的当前状态作为最优控制问题的初始状态，解得的最优控制序列只实施第一个控制作用。这是它与那些使用预先计算控制律的算法的最大不同。本质上模型预测控制求解一个开环最优控制问题。它的思想与具体的模型无关，但是实现则与模型有关。在机电设备中，模型预测控制（MPC）作为一种先进而强大的控制策略，正在成为控制系统设计中的重要组成部分。MPC 以其对系统动态行为的准确建模和对未来状态的预测能力而著称，为机电设备提供了一种高效、灵活且适应性强的控制方法。下图 3-13 为模型预测控制原理图。

MPC 的核心在于建立系统的动态模型，并基于该模型进行预测。这个动态模型可以是机电系统的精确数学描述，也可以是通过实验数据和机器学习方法学到的近似模型。在机电设备中，涉及的动态特性可能包括电机的响应、传感器的反馈、负载的变化等。通过对这些动态特性的建模，MPC 能够更准确地预测系统未来的状态，并做出相应的控制

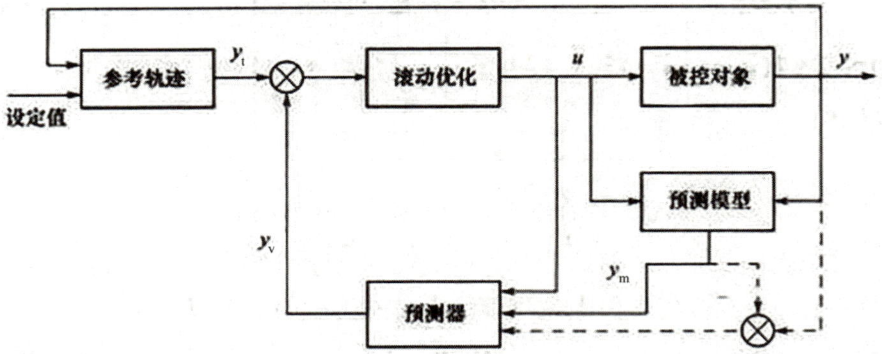

图 3-13　模型预测控制原理图

决策。

MPC 通过优化问题来确定最佳的控制策略。通过系统的当前状态和未来状态的预测，MPC 能够在每个控制周期内计算出最优的控制输入，以实现系统的期望性能。这种优化框架使得 MPC 能够在面对复杂的机电系统时，充分考虑多个因素，例如性能指标的最大化、约束条件的满足等，从而实现对系统的高效控制。

MPC 还具备对约束的处理能力，这在机电设备的控制中显得尤为重要。例如，电机的转速可能受到限制，机械臂的运动范围可能受到限制等。MPC 能够在优化问题中引入约束条件，确保系统在实际操作中不会超出安全和可控范围，从而增强了系统的鲁棒性和可靠性。MPC 的非线性特性使其能够处理机电系统中的非线性元素，如摩擦、非线性负载等。传统控制方法可能难以应对这些非线性，而 MPC 通过对系统动态的准确建模和优化求解的方式，能够更好地应对复杂多变的机电系统。

模型预测控制（MPC）在机电设备中的应用为系统提供了先进而高效的控制策略。通过建立准确的动态模型、预测系统未来状态、优化控制输入，并处理约束条件，MPC 能够在复杂多变的机电系统中实现高效的控制，为提高系统性能、鲁棒性和可靠性带来了显著的优势。MPC 的不断发展和应用将为机电设备领域的控制技术注入新的活力，推动系统智能化和自适应化的发展。

二、机电设备中的模型预测控制（MPC）优点

（一）具备多变量控制能力

模型预测控制（MPC）在机电设备中的突出优势之一是其卓越的多变量控制能力。这

种能力使得 MPC 在处理机电系统中的复杂、多变因素时表现出色，为系统提供了更高水平的控制性能。

MPC 能够同时处理多个系统变量，使得系统在多变量的影响下能够实现更为准确和精细的控制。在机电设备中，涉及的多个变量可能相互耦合，例如电机速度和负载扭矩之间存在复杂的相互影响。MPC 通过建立系统的动态模型，并在控制决策中考虑多个变量的相互关系，实现了对多变量系统的协同控制，提高了系统的整体性能。

MPC 能够有效地应对多变因素引起的系统不确定性。机电系统中存在的各种不确定性，如外部扰动、参数变化、负载波动等，可能对多个系统变量产生影响。MPC 通过对系统进行建模和对未来状态的预测，能够在实时调整控制输入的同时适应不同的工作条件，保持系统的稳定性和鲁棒性。

MPC 能够在考虑多变量时优化系统的整体性能。通过建立多变量控制模型，并在优化问题中考虑各个变量的权衡关系，MPC 能够在不同的工况下调整各个变量的控制输入，实现系统性能的最大化。这种综合优化的方法使得 MPC 能够更好地满足机电设备对于高效、精确控制的需求。

MPC 的多变量控制能力为系统提供了更大的灵活性。机电设备通常涉及多个控制目标，例如同时保持速度平稳和降低能耗。MPC 通过优化多个控制输入，能够在不同的工作场景下灵活调整各个变量的权重，以满足不同的性能要求，为机电系统提供了更加灵活和可调节的控制策略。

模型预测控制（MPC）在机电设备中的多变量控制能力是其突出的优势之一。通过对系统的动态建模和对未来状态的预测，MPC 能够协同处理多个系统变量，应对复杂多变的机电系统特性，提高了系统的整体性能、稳定性和鲁棒性。这种多变量控制的优势为机电设备领域的控制技术注入了新的活力，推动了系统智能化和自适应化的发展。

（二）有效处理系统中的各种约束

模型预测控制（MPC）在机电设备中的另一显著优点是其出色的约束处理能力。MPC 通过引入约束条件的优化问题框架，能够在系统运行中有效地处理各种约束，包括物理约束、性能约束和安全约束，从而提高了系统的稳健性、可靠性和安全性。

MPC 能够处理多种类型的约束，其中包括系统状态约束、输入变量约束和输出性能约束。在机电设备中，例如电机的转速、机械臂的位置等可能受到限制，MPC 通过在控制问题中引入这些约束条件，能够确保系统在运行时不会超出安全和可控范围。这对于机电系统的正常运行和维护是至关重要的，尤其是在涉及高性能和高安全性要求的场景下。

MPC 的优化框架使得系统能够在满足约束的前提下做出最优的控制决策。这意味着即使在面对多个约束的情况下，MPC 能够找到一种最佳的平衡，以实现系统性能的最大化。在机电设备中，这种能力尤为重要，因为系统往往需要在多个目标之间做出权衡，如在提高速度的同时保持稳定性、在提高精度的同时降低能耗等。

MPC 还能够在约束变化时实时调整控制输入，以适应系统的动态变化。在机电设备中约束可能因负载的变化、设备状态的改变等而发生变化，MPC 通过实时优化问题的求解，能够迅速调整控制策略，保持系统在新的约束条件下的稳定性和性能。

MPC 的约束处理能力也使得系统更容易遵循操作规程和法规要求。在一些应用中，机电系统需要遵守特定的工作规范和法规，如在运输设备中遵循速度和位置的安全规定。MPC 通过引入这些规定作为约束条件，确保系统操作符合规范，提高了系统的合规性和安全性。

模型预测控制（MPC）在机电设备中的约束处理能力为系统提供了强大的控制手段。通过在优化问题中引入各种约束条件，MPC 能够确保系统在运行中满足各种限制，提高了系统的鲁棒性、可靠性和安全性。这种能力为机电设备的控制系统设计提供了一种先进而有效的方法，推动了机电系统智能化和自适应化的发展。

（三）适应不确定性

模型预测控制（MPC）在机电设备中的另一显著优点是其出色的适应不确定性能力。机电系统中存在的不确定性包括参数变化、外部扰动、负载波动等，而 MPC 通过其建模和优化框架，能够灵活应对这些不确定性，保障系统在复杂多变的工作环境中的稳定性和性能。

MPC 通过建立系统的动态模型，实现了对不确定性的准确建模。机电设备中的各种因素，如电机的响应、传感器的反馈、负载的变化等，都可能受到不确定性的影响。MPC 通过对这些因素进行数学建模，考虑各种不确定性的来源，能够更真实地反映系统的实际工作状态，为系统的适应性提供了基础。

MPC 通过对未来状态的预测，实现了对不确定性的有效处理。通过预测系统的未来状态，MPC 能够在实时调整控制输入的同时，适应系统的动态变化，从而保持系统的性能和稳定性。这种预测性的控制策略使得系统能够更具适应性，更好地应对不断变化的外部条件和工作环境。

MPC 的优化框架使得系统能够在不确定性条件下做出最优的控制决策。考虑到不确定性的存在，MPC 的优化问题可以在最大化系统性能的同时，充分考虑各种不确定性的可能影响，实现对系统的鲁棒控制。这种全局性的优化能力使得 MPC 在面对不确定性时能够更为灵活和强大。

MPC 还能够在系统参数变化时实时调整控制策略，保持系统的性能。在机电设备中由于温度变化、磨损、负载波动等因素，系统参数可能发生变化。MPC 通过不断地监测系统的动态特性和实时反馈信息，能够及时调整控制输入，适应参数的变化，确保系统在不确定性的影响下依然能够稳定运行。

模型预测控制（MPC）在机电设备中的适应不确定性能力为系统提供了强大的自适应性。通过动态模型的建立、未来状态的预测和优化决策的灵活性，MPC 使得机电系统能够更好地适应不断变化的外部条件和工作环境，提高了系统的鲁棒性、可靠性和性能。这种适应不确定性的优势为机电设备的控制系统设计提供了新的思路和方法，推动了机电系统智能化和自适应化的发展。

（四）对于非线性系统的控制能力较强

模型预测控制（MPC）在机电设备中的显著优势之一是其卓越的非线性系统控制能力。在机电设备中，非线性元素如摩擦、非线性负载等常常存在，而 MPC 通过其建模和优化框架，能够更有效地处理这些复杂的非线性特性，为系统提供了高效而灵活的控制策略。

MPC 的建模框架允许对系统进行高度灵活的非线性建模。通过引入非线性动态方程，MPC 能够更准确地描述机电系统中存在的非线性特性。这种建模的灵活性使得 MPC 能够适应不同工作条件下系统动态的变化，更好地捕捉和理解非线性因素对系统行为的影响。

MPC 通过其优化问题的求解能力，实现了对非线性系统的更有效控制。在优化问题中，MPC 可以包含非线性目标函数和约束条件，从而更好地反映实际系统的非线性特性。这种全局性的优化能力使得 MPC 在处理非线性系统时能够在多个变量之间找到最优的权衡，实现系统性能的最大化。

MPC 的预测性控制策略允许对非线性系统进行在线调整，实现实时的自适应控制。通过预测未来状态，并基于当前状态做出最优控制决策，MPC 能够在非线性系统的动态变化中灵活调整控制输入，确保系统在不同工况下的稳定性和性能。

MPC 在处理非线性系统时还能够有效地应对非线性耦合效应。机电系统中各个组件之间可能存在复杂的非线性耦合关系，例如电机和传感器之间的相互影响。MPC 通过对整个系统进行全局优化，能够更好地协调各个部分之间的相互作用，提高系统的整体性能。

模型预测控制（MPC）在机电设备中对非线性系统的控制能力较强。通过建模框架、全局优化和预测性控制策略，MPC 能够更准确、更灵活地处理机电系统中存在的非线性元素，为系统提供了高效、鲁棒的控制方案。这种非线性系统控制的优势为机电设备的控制系统设计带来了全新的可能性，推动了系统智能化和自适应化的发展。

（五）容易集成先进控制策略

模型预测控制（MPC）在机电设备中的另一个显著优点是其容易集成先进控制策略的能力。MPC 的灵活性和通用性使其成为集成其他先进控制方法的理想选择，从而为机电系统提供了更高级、更全面的控制方案。

MPC 能够与其他先进控制策略无缝集成，形成混合控制系统。例如，MPC 可以与模糊逻辑控制、神经网络控制等方法相结合，以充分发挥各种方法的优势。这种混合控制策略能够在处理机电系统中的复杂、多变问题时，充分发挥不同控制方法的优点，提高系统的性能和适应性。

MPC 与模型参考自适应控制（MRAC）、模糊自适应控制等先进控制策略的集成，为机电系统提供了更全面的解决方案。这些先进控制方法在处理系统非线性、模糊性和参数不确定性等方面具有独特的优势，而 MPC 的优越性能使它能够与这些方法协同工作，共同应对机电系统的挑战。

MPC 在优化框架中的灵活性使其能够与强化学习等新兴控制策略相结合，共同构建智能化控制系统。强化学习在处理复杂任务和未知环境方面有着潜在优势，而 MPC 的预测性控制特性为强化学习提供了合适的实时反馈，实现了对机电系统的更智能化控制。

MPC 还能够与模型参考鲁棒自适应控制相融合，实现对系统参数变化和外部干扰的自适应调整。这种集成可以进一步提高系统的鲁棒性，确保机电系统在不同工况下的稳定性和性能。

模型预测控制（MPC）的优势在于其容易与其他先进控制策略集成，形成更为全面、高效的控制系统。MPC 与不同的控制方法相结合，能够在处理机电系统中的各种挑战时充分发挥各自的优势，提高系统的鲁棒性、性能和适应性。这种集成能力为机电设备的控制系统设计提供了更大的灵活性，推动了控制技术的不断创新与进步。

三、机电设备中的模型预测控制（MPC）应用

（一）运动控制

在机电设备中，运动控制是机电系统中至关重要的一环，涉及电机的精确控制、机械臂的精准定位等诸多方面。MPC 通过其建模、预测和优化的特性，为机电设备的运动控制提供了高效、精确、灵活的解决方案。

电机在机电系统中扮演着关键的角色，其控制直接影响着机械设备的性能和运动精度。MPC 通过对电机动态特性的准确建模和预测，实现了对电机的高精度控制。通过优化问题的求解，MPC 能够在不同工况下调整电机的控制输入，确保在高速运动和精准定位之间取得最佳平衡，提高了电机控制的鲁棒性和性能。

机械臂的运动控制涉及多自由度、复杂的动力学和非线性特性，而 MPC 通过对整个系统的建模和预测，能够实现对机械臂的高效控制。MPC 在运动规划和轨迹跟踪中展现出色的性能，使得机械臂能够以更高的精度、更短的响应时间完成各种复杂任务，如精密装配、物料搬运等。

MPC 还在运动控制系统中的速度和位置控制方面取得了显著的成就。通过对机电系

统进行全局优化，考虑速度和位置之间的关系，MPC 能够在实时运动中调整控制输入，实现系统的平滑运动、高精度定位和快速响应。这对于一些要求高度动态性和定位精度的应用场景，如机器人、自动化生产线等，具有重要的意义。

机电系统中常常存在各种不确定性，如负载的变化、外部干扰等，而 MPC 通过对这些不确定性的建模和预测，能够在运动控制中实现更鲁棒的性能。同时，MPC 的约束处理能力也使得系统在复杂的工作环境中保持安全和可控。

模型预测控制（MPC）在机电设备中运动控制领域的应用具有广泛的前景。通过其建模、预测和优化的特性，MPC 提供了先进的、灵活的运动控制策略，为机电系统中的电机、机械臂等关键组件的高效控制提供了可靠的解决方案。这种应用为提高机电设备的运动性能、精度和鲁棒性提供了新的可能性，推动了机电系统智能化和自适应化的发展。

（二）能量管理

在机电设备中，能源效率和可持续性在现代工程中变得愈发重要，而 MPC 通过其建模、优化和预测的特性，为机电设备提供了强大的能源管理解决方案，有效地实现能源的高效利用和降低环境影响。

电机作为机电系统中的核心组件，其能耗在整个系统中占据重要地位。MPC 通过对电机的动态特性进行准确建模，并在优化问题中考虑能源利用效率，能够实现电机的智能控制。通过在不同负载和运行条件下优化控制输入，MPC 能够有效减少电机的能耗，提高系统的能源利用效率。

在整个机电系统中，通过对系统进行整体建模，包括各个组件的能量流动和转换过程，MPC 能够实现对整个系统的能源流的动态调整和优化。这种能源流的管理使得系统能够在实时变化的工作条件下，灵活调整各个部分的能量转换效率，从而最大化整个系统的能源利用率。

在运动控制中，通过在优化问题中引入能量消耗的约束条件，MPC 能够实现在运动控制中更加节能的策略。在机械臂、输送带等运动设备中，MPC 可以调整速度、加速度等参数，以在满足性能要求的前提下最小化能量消耗，实现对系统的智能能源管理。

在一些机电设备中，能源储存和再生系统是关键的组成部分，例如电池、超级电容器等。MPC 通过对这些能源存储系统的建模和预测，能够实现对储能和释能过程的优化控制，最大化能量的存储和再利用。

在机电设备中，通过建模、优化和预测的方法，MPC 能够在电机、整个机电系统、运动控制以及能源储存和再生等方面提供高效、智能的能量管理策略。这不仅有助于降低设备的运行成本，提高系统的能源利用效率，同时也符合可持续发展的目标，减少对环境的不良影响。MPC 在能量管理中的应用为机电设备领域注入了新的智能化和节能化动力。

（三）机器人控制

在机电设备领域，机器人的精密操作和复杂运动要求高度智能的控制系统，MPC 通过其建模、预测和优化的特性，为机器人控制提供了高效、灵活、鲁棒的解决方案。

机器人的运动需要按照预定的轨迹进行，MPC 通过对整个系统进行建模和对未来状态的预测，能够实现对机器人轨迹的高度精准控制。无论是在工业生产中的自动化装配线，还是在服务机器人领域的室内导航，MPC 都能够确保机器人按照规划好的路径进行运动，并在动态环境中实现灵活的轨迹跟踪。

机器人的复杂结构和多自由度带来了高度非线性和耦合的动力学问题，MPC 通过对机器人的动态特性进行准确建模，并在优化问题中进行全局优化，能够实现对机器人运动的高效控制。这种动力学控制的优势使得机器人能够在不同工作条件下实现平滑、稳定的运动，提高其工作效率和精度。

机器人通常需要完成多个任务，如精确定位、物体抓取、避障等，MPC 通过在优化问题中考虑多个目标和约束，能够在不同任务之间实现灵活的权衡，为机器人提供全面而高效的任务执行能力，这使得机器人能够更好地适应复杂多变的工作环境，完成更加复杂和多样化的任务。

机器人通常搭载电池或其他能源存储装置，MPC 通过对能源系统的建模和预测，能够实现对能源的智能管理。当机器人工作时，MPC 能够根据任务需求和电池状态实时调整控制输入，最大程度地延长机器人的工作时间，提高其续航能力。

模型预测控制（MPC）在机器人控制方面的应用为机电设备领域注入了先进的智能化和自适应化技术。通过对机器人的建模、预测和优化，MPC 提供了高效、灵活、鲁棒的控制策略，为机器人在各种应用场景中实现更精准、更高效的操作提供了有力的支持。这种应用不仅促进了机器人技术的发展，也推动了机器人在工业、服务和研究领域的广泛应用。

（四）故障诊断与预测性维护

在机电设备中，随着设备复杂性的增加和运行环境的变化，故障诊断和预测性维护成为确保机电系统稳定性和可靠性的关键任务。MPC 通过其建模、预测和优化的特性，为故障诊断和预测性维护提供了先进而高效的解决方案。

MPC 在故障诊断方面的应用主要体现在对机电系统的动态特性进行精准建模和监测。通过建立系统的动态模型，MPC 能够捕捉设备在正常工作状态下的行为，同时在实时运行中通过与模型进行比较，检测出潜在的异常。这种基于动态模型的故障诊断方法使得系统能够更早地发现和诊断潜在的问题，从而减少停机时间和降低维修成本。

MPC 在故障诊断中结合了实时数据的监测与分析，使得系统能够更全面地了解设备的状态。通过引入传感器数据、性能参数等实时信息，MPC 可以对设备状态进行实时监测，并通过与模型进行比对，快速判断设备是否存在异常。这种结合实时数据和模型的故障诊断方法，使得系统更具鲁棒性，能够应对多变的工作环境和不同类型的故障。

MPC 在故障诊断中还能够实现多变量的综合分析。机电系统中的故障往往涉及多个变量和组件，而 MPC 通过对整个系统的建模和全局优化，能够综合考虑各个变量之间的关系，提高对复杂故障的诊断准确性。这种多变量综合分析的优势使得 MPC 在面对机电系统中的复杂故障时更为强大。

在预测性维护方面，MPC 通过对系统的未来状态进行预测，为维护人员提供提前预测的故障信息。通过监测设备运行状态、模型预测和优化控制输入，MPC 能够预测出潜在的故障发生时间，为维护人员提供充分的准备时间，以减少维修时间和降低生产线的停工风险。这种预测性维护的方法有效地提高了设备的可用性和可靠性。

模型预测控制（MPC）在机电设备中的故障诊断与预测性维护方面的应用为提高设备的稳定性、可靠性和可维护性提供了强大的技术支持。通过动态模型的建立、实时数据的监测和综合分析，MPC 能够更早地发现潜在故障，提高诊断的准确性；同时，通过预测未来状态，MPC 为维护人员提供了及时的预警信息，降低了维护成本和生产线停工的风险。这种应用不仅提升了机电设备的整体性能，同时也推动了维护策略的创新和发展。

第四节 机电设备控制系统的鲁棒性与稳定性

一、机电设备控制系统的鲁棒性

（一）机电设备控制系统的鲁棒性定义

机电设备控制系统的鲁棒性是指系统在面对外部扰动、参数变化、模型不确定性等各种不确定性因素时仍能够保持良好性能和稳定运行的能力。在实际工程应用中，机电设备往往面临各种挑战，如负载波动、环境变化、组件老化等，这些因素可能引起系统动态性能的变化和参数的不确定性。鲁棒性的概念强调系统能够在不确定性的影响下，依然能够快速、有效地适应并保持所需的控制性能，确保系统在各种工况下都能够可靠运行。鲁棒性的定义涵盖了多个方面。

首先，鲁棒性要求系统对于外部扰动的抗干扰能力强。外部扰动可能来自机械负载的变化、环境条件的波动等，而鲁棒的控制系统应能够迅速而有效地抵消这些扰动，保持系统在面对外部变化时的平稳性能。

其次，鲁棒性要求系统对于参数变化的适应能力。在机电设备中，由于组件磨损、温度变化等因素，系统参数可能会发生变化。鲁棒的控制系统应能够在参数发生变化时实时调整控制策略，确保系统的性能不受影响，保持在预定的工作状态。

第三，鲁棒性强调系统在模型不确定性下的稳定性。在实际应用中，机电设备的数学模型可能受到各种因素的影响，导致模型的不确定性。鲁棒的控制系统要能够应对这种不确定性，通过鲁棒控制策略保持系统的稳定性和性能。

第四，鲁棒性的定义包括了系统的容错能力。在机电设备中，由于各种原因可能导致传感器故障、执行器失效等问题，而鲁棒的控制系统应能够检测并适应这些故障，确保系统在部分组件失效的情况下依然能够安全可靠地运行。

机电设备控制系统的鲁棒性是一个综合性的概念，强调系统在面对各种不确定性和干扰时的适应性和稳定性。鲁棒的控制系统能够通过智能的控制策略，实时调整参数和输入，保持系统的鲁棒性，从而确保设备在不同工况和环境下都能够稳定高效地运行。这种强调适应性和稳定性的鲁棒性定义对于机电设备的可靠性和性能至关重要。

（二）机电设备控制系统的鲁棒性优点

1. 适应性强

机电设备控制系统的鲁棒性在适应性方面具有显著的优点。强大的适应性是指系统能够迅速而有效地调整自身的控制策略，以适应各种不确定性因素和外部扰动，确保系统在面对复杂多变的工作环境时仍能稳定高效地运行。

（1）鲁棒性的控制系统通过建模和预测，能够适应系统内部和外部环境的变化

在机电设备中，系统参数可能因组件磨损、温度变化等因素而发生变化，而鲁棒性的控制系统能够实时调整控制策略，确保系统在参数变化时仍能保持所需的性能。这种适应性使得机电设备能够在长时间运行中保持高效稳定，减少了由于参数变化引起的性能下降。

（2）鲁棒性的控制系统在面对外部扰动时表现出色

机电设备常常面临负载变化、环境条件波动等外部扰动，而鲁棒性的控制系统能够通过智能的控制策略迅速响应，有效地抵消扰动的影响，确保系统能够在动态工作环境中保持平稳性能。这种适应性不仅提高了系统对外部环境变化的适应能力，也减少了由于扰动引起的系统性能波动。

（3）鲁棒性的控制系统还能够适应模型的不确定性

在实际应用中，机电设备的数学模型往往受到各种因素的影响，导致模型的不确定性。鲁棒性的控制系统通过实时监测和对比实际运行数据与模型的差异，能够在模型不确定性的情况下调整控制参数，确保系统的稳定性和性能。这种适应性对于提高系统在实际工作中的可靠性和精度具有重要作用。

（4）鲁棒性的控制系统在故障容错方面也表现出强大的适应性。由于机电设备的组件

可能发生故障，鲁棒性的控制系统能够检测并适应部分组件失效的情况，保持系统的运行稳定性。这种适应性降低了故障对系统整体性能的影响，提高了设备的可用性和可维护性。

2. 容错率高

机电设备控制系统的鲁棒性在容错率方面具有显著的优点。高容错率意味着系统能够在面对组件故障或不确定性因素时，依然能够保持良好的性能并持续稳定运行。这种优势使得鲁棒性的控制系统在实际工程应用中更加可靠、稳定，具有更强大的适应性和生存能力。

（1）高容错率使得机电设备在面对传感器故障时能够有效应对。传感器在控制系统中发挥着关键作用，而传感器故障可能导致系统接收到不准确或失真的反馈信号，从而影响控制性能。鲁棒性的控制系统通过实时监测传感器输出，并在检测到异常时进行适应性调整，能够有效容错传感器故障，保持系统的稳定性和性能。

（2）高容错率使得控制系统能够应对执行器故障。执行器在机电设备中负责执行控制命令，而执行器故障可能导致无法按预期进行控制。鲁棒性的控制系统通过实时监测执行器状态，能够检测到执行器故障并及时调整控制策略，从而确保系统在执行器故障的情况下仍能够保持良好的性能。

（3）高容错率有助于降低维护成本和提高设备的可维护性。鲁棒性的控制系统能够检测并适应部分组件故障，减少了由于故障引起的系统性能下降，降低了维修的紧急性。这种容错率的优势使得设备的维护更加可控，维护人员能够更有效地进行预防性维护，提高了设备的可用性。

3. 降低对准确模型的依赖性

机电设备控制系统的鲁棒性在降低对准确模型的依赖性方面具有显著的优点。在实际工程应用中，由于机电设备的复杂性和不确定性，准确的数学模型难以获取，而鲁棒性的控制系统通过其自适应性和强大的鲁棒性质，能够在缺乏精确模型的情况下仍然保持系统的性能和稳定性，从而降低了对模型准确性的严格依赖。

（1）鲁棒性的控制系统能够通过实时数据的监测和反馈，对系统进行自适应调整，减轻了对准确模型的依赖性。机电设备在实际运行中可能受到各种外部扰动、负载变化等因素的影响，而鲁棒性的控制系统通过实时监测系统的动态行为，能够在运行时对模型的不确定性进行实时补偿，确保系统在面对不确定性因素时依然能够保持良好的性能。

（2）鲁棒性的控制系统通过模型参考自适应控制（MRAC）等方法，能够在不知道系统准确模型的情况下进行控制。MRAC 利用自适应法则，通过在线估计未知系统参数，实现对模型不确定性的补偿，从而不再需要对系统的精确数学模型有深入的了解。这种方法降低了对模型准确性的严格依赖，使得控制系统更具灵活性和适应性。

（3）鲁棒性的控制系统在控制器设计中采用鲁棒控制策略，能够容忍模型不确定性和参数变化。传统的控制方法通常依赖于精确的模型和参数信息，而鲁棒性的控制系统通过考虑不确定性和变化，采用更为灵活的鲁棒控制器，使得系统更具抗干扰性和适应性，降低了对准确模型的严格要求。

（4）鲁棒性的控制系统通过模糊逻辑、神经网络等非精确建模方法，能够更灵活地处理系统的动态特性。这些方法能够在实际运行中通过学习和适应，不需要事先准确地知道系统的准确模型，从而提高了系统对模型不确定性的容忍度，降低了对精确模型的依赖性。

4. 具有较强的灵活性

机电设备控制系统的鲁棒性在灵活性方面表现出卓越的优点。这种灵活性体现在系统能够在面对不确定性、变化和复杂工作环境时，迅速、有效地调整自身的控制策略，以确保系统在各种情况下都能够保持高效的性能和稳定运行。

（1）鲁棒性的控制系统通过自适应性，能够灵活地调整控制参数以适应不断变化的工作条件。机电设备在实际运行中可能受到多种因素的影响，如负载波动、环境温度变化等，而鲁棒性的控制系统通过实时监测系统状态和动态行为，能够在这些变化发生时自动调整控制参数，保持系统的稳定性和性能。这种灵活性使得机电设备能够适应不同的工作环境，具备更大的适应性和灵活性。

（2）鲁棒性的控制系统在控制器设计中采用了模糊逻辑、神经网络等非精确建模方法，增强了系统的灵活性。这些方法能够在运行中通过学习和适应，不需要提前准确地了解系统的数学模型，使得系统更具灵活性和适应性。这种非精确建模的灵活性有助于应对机电设备实际运行中的复杂性和不确定性。

5. 降低维护成本

机电设备控制系统的鲁棒性在降低维护成本方面具有显著的优点。这种优势主要体现在系统能够在面对不确定性、变化和外部扰动时保持高效的性能，从而减少了对系统的频繁维护和紧急修复的需求，降低了设备的维护成本。

（1）鲁棒性的控制系统通过自适应性和强大的鲁棒性质，能够在实际运行中对系统进行实时监测和调整，迅速适应外部环境的变化和不确定性因素的影响。这种自适应性和鲁棒性减轻了对系统进行常规性维护的需求，因为系统能够在不断变化的工作条件下保持高效的运行，降低了设备由于环境变化引起的性能下降。

（2）鲁棒性的控制系统在面对模型不确定性时依然能够保持系统的稳定性和性能，减少了对准确模型的依赖。传统的控制系统通常需要准确的数学模型和参数信息，而鲁棒性的控制系统通过实时数据监测和自适应调整，不依赖于准确的模型信息。这降低了对系统模型准确性的苛刻要求，减少了对系统模型的频繁更新和修正，从而降低了维护成本。

（3）鲁棒性的控制系统采用鲁棒控制策略，对外部扰动和系统参数的变化具有强大的适应性，能够容忍负载波动、环境条件变化等因素的影响。这种适应性降低了外部环境变化对系统性能的影响，减少了因环境变化引起的设备故障和性能下降，进而减少了维修和维护的需求。

（4）鲁棒性的控制系统通过容错率高、对执行器和传感器故障的适应性，降低了系统因组件故障而需要紧急修复的频率。系统能够在检测到故障时进行自适应调整，确保系统在部分组件失效的情况下依然能够保持良好的性能。这种容错率高的特性降低了维修的紧急性，使得维护人员能够更有计划地进行维护，降低了维护成本。

二、机电设备控制系统的稳定性

（一）机电设备控制系统的稳定性的定义

机电设备控制系统的稳定性是指系统在受到外部扰动、参数变化或其他不确定性因素的影响时能够保持良好的性能和稳定运行的能力。这包括系统在动态过程中不会产生无控制的振荡或失稳现象，而是能够在受到干扰后迅速回到预定的工作状态。稳定性是控制系统设计和运行中一个重要的指标，直接关系到机电设备在实际工作中的可靠性、性能和安全性。

机电设备控制系统的稳定性要求系统在受到外部扰动时不会发生不可控的振荡或失稳。在实际工程应用中，机电设备可能面临各种外部扰动，如负载变化、环境条件波动等，而稳定性的定义就是系统能够在这些扰动下保持平稳的运行状态，不会出现不受控制的振荡或不稳定的现象。这确保了机电设备在面对外部变化时能够维持预期的性能水平，避免了失稳对设备和生产过程的不良影响。

（1）稳定性要求系统对参数变化的适应性。在机电设备中，由于组件老化、磨损等因素，系统的参数可能会发生变化。稳定性的定义包括系统在面对参数变化时能够自适应地调整控制策略，保持系统的性能和稳定性。这种适应性确保了机电设备在长时间运行中依然能够维持高效的工作状态，延长了设备的使用寿命。

（2）机电设备控制系统的稳定性要求系统能够处理模型不确定性。在实际应用中，机电设备的数学模型往往受到各种因素的影响，导致模型的不确定性。稳定性的定义包括系统在模型不确定性的情况下依然能够保持稳定运行。这种能力通过鲁棒控制策略、自适应控制方法等手段实现，确保系统对于模型不确定性的容忍度，使得机电设备在实际工作中更为可靠。

（3）机电设备控制系统的稳定性与系统的控制器设计和参数调整有关。稳定性的定义包括系统的控制器能够在不同工作条件下保持稳定的性能，通过合理的参数调整和控制策略设计，确保系统在各种工况下都能够稳定运行。这需要对系统进行动态分析和仿真，以确保控制器的设计和参数选择符合稳定性的要求。

（二）机电设备控制系统的稳定性的优点

1. 可靠性提高

机电设备控制系统的稳定性带来了显著的可靠性的提高，这体现在系统在面对外部扰动、参数变化或模型不确定性时能够保持良好的性能和稳定运行，从而确保了机电设备在实际工作中的可靠性水平。

（1）稳定性的提高意味着机电设备控制系统在动态运行过程中不会发生无控制的振荡或失稳现象，保持了系统的可控性。这种稳定性的特点使得机电设备能够更加可靠地执行控制命令，降低了系统在运行中出现异常情况的概率。可靠性的提高对于机电设备的长时间运行和连续生产过程至关重要，确保了设备在各种工作条件下都能够稳定运行，提高了系统的整体可靠性。

（2）稳定性的提高使机电设备在面对参数变化时仍能够保持系统的性能和稳定性。控制系统能够自适应地调整控制策略，确保系统对参数变化的适应性，减轻了因参数变化引起的系统性能下降的可能性。这种适应性提高了机电设备对于长时间运行和参数变化的鲁棒性，使得设备在不同工作条件下都能够可靠地运行。

（3）稳定性的提高使机电设备能够更好地处理模型不确定性。在实际应用中，机电设备的数学模型难以准确获取，而稳定性的定义包括系统在模型不确定性的情况下依然能够保持稳定运行。通过采用鲁棒控制策略和自适应控制方法，控制系统能够有效地处理模型不确定性，提高了机电设备对于模型不确定性的容忍度，从而增强了系统的可靠性。

（4）稳定性的提高对于机电设备在面对外部扰动时具有更强的抗干扰能力。机电设备可能受到负载变化、环境条件波动等外部扰动的影响，而稳定的控制系统能够通过自适应调整抵消这些扰动的影响，确保系统在动态工作环境中依然能够保持平稳性能。这种抗干扰能力提高了机电设备在复杂多变的工作环境中的稳定性和可靠性。

2. 有效抑制机电设备的振动

机电设备控制系统的稳定性在有效抑制振动方面发挥着显著的优势。稳定性的提高意味着系统在动态过程中能够有效控制机电设备的振动，保持系统的平稳运行，从而提升了设备的性能和可靠性。

（1）机电设备在实际工作中可能受到不同程度的负载变化和外部扰动的干扰，而稳定的控制系统通过实时监测系统状态和采取适当的控制策略，能够迅速抑制由于扰动引起的振动，确保系统在面对外部变化时能够保持平稳的运行状态。这种抑制能力降低了机电设备在工作中产生振动的可能性，提高了设备的工作效率和稳定性。在一些高速、高精度的机电设备中，振动和震动可能对系统性能产生负面影响，甚至引发设备故障。稳定的控制系统通过有效调整控制参数和抑制系统振动模式，能够在动态工作中降低系统的振动幅度，确保设备在高速运动中保持平稳，从而提高了设备的精度和稳定性。

（2）振动会导致机械部件的疲劳和损耗，降低了设备的寿命。稳定的控制系统通过降低系统的振动和震动，有效减缓了机械部件的磨损速度，延长了设备的寿命，降低了设备的维护和更换成本。稳定性的提高对于一些对振动敏感的应用领域尤为重要，如精密加工、光学设备等。在这些领域中，设备的振动可能直接影响产品质量和加工精度。稳定的控制系统能够有效减小振动幅度，确保设备在高精度加工中保持平稳运行，提高了产品的生产质量。

3. 提高定位精度

机电设备控制系统的稳定性有很多优点，其中之一是它能够提高定位精度。通过确保系统的稳定性，可以减小系统受到外部干扰的影响，从而提高定位的准确性和精度。

（1）稳定的控制系统可以有效抵抗外部扰动和干扰。在机电设备的运行过程中，可能会受到各种来自环境、设备自身或其他因素的扰动，如振动、温度变化等。如果控制系统不稳定，这些扰动可能导致定位误差，影响系统的性能。而稳定性强的控制系统能够更好地抑制这些扰动的影响，确保定位过程中的准确性。稳定性对于提高定位精度尤为重要的原因在于它能够减小系统的震荡和波动。在控制系统中，震荡和波动是常见的问题，特别是在迅速变化的工作条件下。这些波动可能导致定位误差，降低系统的精度。通过增强控制系统的稳定性，可以有效减少这些波动，提高定位的精度。

（2）稳定的控制系统能够更快速地响应指令变化，实现更精准的定位。当需要在短时间内完成复杂的定位任务时，系统的响应速度至关重要。稳定性强的控制系统能够更迅速地调整和适应，确保在瞬息万变的环境中仍能保持准确的定位。

4. 确保系统响应速度

机电设备控制系统的稳定性在确保系统响应速度方面有着显著的优点。稳定性强的控制系统能够更迅速而可靠地响应指令变化，从而确保系统在各种工作条件下保持高效的运行。

（1）稳定的控制系统能够有效抑制系统的震荡和波动，这对于提高系统的响应速度至关重要。在控制系统中，震荡和波动可能导致响应滞后、振动等问题，降低系统的灵敏度和响应速度。通过增强系统的稳定性，可以减小这些干扰的影响，确保系统更为迅速地响应各种指令，从而提高整体的响应速度。

（2）稳定性强的控制系统能够更好地应对外部干扰和变化的工作条件。在实际应用中，机电设备可能会面临各种不确定性因素，如负载变化、温度波动等。如果控制系统不稳定，这些外部因素可能导致系统的性能波动，影响响应速度。而稳定性强的系统能够更为稳定地适应这些变化，确保系统在不同工作条件下都能够保持高效的响应速度。

（3）稳定的控制系统还能够提高系统的实时性，使其更快速地处理和执行指令。在一些需要及时决策和操作的应用场景中，如自动化生产线、机器人操作等，系统的实时性对于确保高效运行至关重要。通过增强系统的稳定性，可以降低控制延迟，确保系统更为迅速地响应各类指令，提高实时性。

5. 改善生产质量

机电设备控制系统的稳定性在改善生产质量方面发挥着关键作用。通过确保系统的稳定性，可以有效地减小生产过程中的变量和不确定性，从而提升产品的一致性、精度和可靠性，进而改善生产质量。

（1）稳定的控制系统能够降低生产过程中的变异性。在机电设备的生产中，各种因素如温度、湿度、负载变化等都可能导致系统性能的波动，影响产品的一致性。通过加强控制系统的稳定性，可以更好地控制这些变量，减小生产过程中的波动，从而提高产品的稳定性和一致性。

（2）稳定性强的控制系统有助于提高生产设备的精度和准确性。在高要求的生产环境中，如精密加工、装配等领域，机电设备的控制系统需要具备高度的精度，以确保产品的质量。稳定的控制系统能够更为精准地控制生产设备的运动和操作，减小系统误差，从而提高产品的制造精度和质量。

（3）稳定性强的控制系统还能够提高生产过程中的可靠性。在生产中，突发的故障或系统不稳定可能导致生产线停机或产品缺陷，影响生产质量。通过确保控制系统的稳定性，可以减小系统故障的概率，提高生产设备的可靠性，从而降低生产中出现质量问题的可能性。

参考文献

［1］刘海枫．PLC 技术在电气设备自动化控制中的应用［J］．机电产品开发与创新，2024，37（1）：136-138.

［2］田勇．煤矿机电设备自动化控制的优势与技术分析［J］．电子技术与软件工程，2023（06）：103-106.

［3］孔维康．公路机电设备智能化管理探讨［J］．家电维修，2024（1）：92-94.

［4］郭龙龙．煤矿机电设备的智能化管理［J］．能源与节能，2023（10）：198-200.

［5］董浩，方俊，张小伟．电气自动化控制系统的应用及发展趋势［Z］．

［6］赵士松．电气自动化工程控制系统的现状及其发展探究［J］．冶金管理，2021（19）：172-173.

［7］郭仲尧，张铎．基于 PLC 过程控制系统的设计与实现［J］．现代工业经济和信息化，2020，10（7）：36-37.

［8］廖红菊．基于压缩感知的电气设备红外图像目标检测数学建模分析［J］．自动化与仪器仪表，2020，（10）：47-50.

［9］李宁．电气设备控制系统的安装及调试［J］．科技经济市场，2018（9）：29-31.

［10］汪岩佳．试析电气工程及电气自动化的控制系统应用［J］．中国新通信，2017，19（17）：161.

［11］苏成利，唐玉光，李平．基于改进用户自定义指标的离散控制系统性能评估［J］．南京理工大学学报，2014，38（2）：281-286.

［12］崔士伟，葛见岗，赵增辉．智能控制技术在煤矿机电设备中的应用［J］．冶金管理，2023（21）：28-29.

［13］陈祖奎．智能煤矿机电设备故障检测诊断技术的应用分析［J］．中国机械，2023（16）：95-98.

［14］廖秋梅．机电一体化设备故障智能监测系统设计［J］．电工技术，2022（17）：117-119.

［15］黄诚壬．机电一体化设备故障诊断系统设计与应用研究［J］．中国设备工程，2021（24）：191-192.

［16］徐凤辉．机电一体化中的自动控制系统设计［J］．集成电路应用，2021，38（10）：58-59.

[17] 董亮．机电控制系统自动控制技术与一体化设计［J］．内蒙古煤炭经济，2021（9）：24-25

[18] 罗昕．机电自动化控制系统的一体化设计［J］．南方农机，2020，51（24）：145-146.

[19] 李杨．机电一体化设计理念与自动控制技术应用分析［J］．造纸装备及材料，2020，49（5）：38-40.

[20] 练正胜．机械设计制造中机电一体化的应用研究［J］．世界有色金属，2020（19）：227-228.

[21] 冯林霄，胡竣乔，钟鸣瑶．机电一体化系统在农业机械工程中的应用［J］．乡村科技，2018（9）：121-122.